W0263009

Jahresbericht

über die

Beobachtungs-Ergebnisse

der von

den forstlichen Versuchsanstalten des Königreich Preussen,
des Königreich Württemberg, des Herzogthum Braunschweig
und der Reichslande

eingerichteten

forstlich-meteorologischen Stationen.

Herausgegeben

von

Dr. A. Müttrich,

Professor an der Kgl. Forstakademie zu Eberswalde und Dirigent der meteorologischen
Abtheilung des forstlichen Versuchswesens in Preussen.

Siebenter Jahrgang.

Das Jahr 1881.

BERLIN 1882.

Verlag von Julius Springer.

Monbijouplatz 3.

ISBN-13: 978-3-642-90143-0   e-ISBN-13: 978-3-642-92000-4
DOI: 10.1007/978-3-642-92000-4

INHALT.

A. Vorbemerkungen.

Das Netz der forstlich-meteorologischen Stationen, welches bisher aus 14 Stationen bestand, von denen 10 in Preussen, 3 in Elsass-Lothringen und 1 in Braunschweig errichtet sind, hat i. J. 1881 dadurch eine Erweiterung erfahren, dass zwei neue Stationen eingerichtet wurden, an welchen die Beobachtungen ganz in derselben Weise wie an den schon bestehenden angestellt und die auf ihnen gewonnenen Resultate gleichzeitig mit denen der übrigen durch die Hauptstation des forstlichen Versuchswesens in Preussen veröffentlicht werden.

Von diesen beiden Stationen ist die erste auf Kosten des Landesdirectoriums der Provinz Hannover auf der Lüneburger Heide errichtet und liegt in der Nähe der Försterei Lintzel. Ihre geographische Lage ist 52° 59½′ n. Br., 27° 55′ ö. L. und ihre Erhebung über dem Meeresspiegel ist 94,7 m. Eine Waldstation in dem Sinne, wie sie auf den anderen Stationen besteht, konnte in Lintzel nicht eingerichtet werden, weil ein alter Waldbestand nicht vorhanden ist und erst durch die umfangreichen Aufforstungen, welche in jener Gegend ausgeführt sind, heranwachsen soll. Bei Anlegung der Doppelstation ist aber darauf Rücksicht genommen, dass eine der beiden Stationen innerhalb und die andere ausserhalb des Waldes zu liegen kommen und dadurch später dasselbe Verhältniss, wie auf den übrigen Stationen vorhanden sein wird. Die Beobachtungen begannen am 1. März und wurden anfangs vom Förster Bodemann und vom 1. August 1881 durch den Förster Meyer ausgeführt. Die Beaufsichtigung der Station erfolgt durch Herrn Provinzial-Forstmeister Quaet-Faslem in Hannover. Die Aufnahme der Beobachtungs-Resultate in die von Seiten der Hauptstation des forstlichen Versuchswesens in Preussen herausgegebenen monatlichen Publikationen konnte erst mit dem 1. Januar 1882 beginnen und werden dieselben erst in dem folgenden Jahresbericht pro 1882 veröffentlicht werden.

Die zweite meteorologische Station ist auf Kosten der forstlichen Versuchsanstalt der thüringischen Staaten in der preussischen

Oberförsterei Schmiedefeld eingerichtet. Die Station liegt auf Porphyrboden III. Klasse mit Granitboden im Untergrund bei ca. 1 m Tiefe. Der Boden auf der Feldstation ist nach NE sanft geneigt, auf der Waldstation ist er mit Moos und Beerenkrant überzogen. Die geographische Lage der Station ist 50° 36½′ n. Br., 28° 28½′ ö. L.; die Erhebung über dem Meeresspiegel beträgt für die Feldstation 716 m und für die Waldstation 740 m. Die Waldstation liegt in einem Bestand von 60 bis 70jährigen Fichten, welche kurzschäftig und 0,7 geschlossen sind. Derselbe ist nach S, E und N frei und ist nach W durch einen Gebirgsrücken (Eisenberg) geschützt. Die Instrumente in der Baumkrone stehen 9,6 m von der Erdoberfläche ab, die Feldstation liegt 300 m und die Waldstation 150 m von der Waldgrenze entfernt. Die Beobachtungen begannen mit dem 1. November 1881 und werden von dem Förster S i m o n ausgeführt. Die Beaufsichtigung der Station erfolgt durch Herrn Oberförster T e l l e in Schmiedefeld. Die Beobachtungs-Resultate werden seit dem 1. Januar 1882 von Seiten der Hauptstation des forstlichen Versuchswesens in Preussen gleichzeitig mit denen der übrigen Stationen monatlich veröffentlicht und werden auch in dem folgenden Jahresbericht pro 1882 publicirt werden.

Zu erwähnen ist noch, dass vorstehender Jahresbericht pro 1881 auch die auf der in Württemberg belegenen forstlich-meteorologischen Station St. Johann erhaltenen Beobachtungs-Resultate enthält. Diese von Seiten der forstlichen Versuchsanstalt des Königreichs Württemberg eingerichtete Station liegt bei St. Johann im Oberamt Urach unter 48° 29½′ n. Br. und 26° 59′ ö. L. auf dem Plateau der schwäbischen Alb in einer Höhe von 760 m über dem Meeresspiegel und besteht ebenso wie alle übrigen Stationen aus einer Feld- und einer Waldstation. Erstere befindet sich auf einem weiten, von drei Seiten mit Wald umgebenen Felde, das sich nach E bis an den Abfall der Alb gegen das Uracher Thal erstreckt mit einer schwachen Senkung nach dieser Richtung. Die nördliche und südöstliche Grenze bilden zwei, mehr als 100jährige, im Schlag befindliche Buchenbestände, während im S und SW ein Fichtenstangenholz und im W ein 40—50jähriger Buchenbestand das Feld umsäumen. Alle diese Waldungen sind von ziemlicher Ausdehnung; die im N befindliche erstreckt sich in einer Breite von 1½ bis 2 km bis zum Rande der Alb gegen das Neckarthal. Die Feldstation liegt ungefähr in der Mitte zwischen diesem und dem im S befindlichen Fichtenstangenholz ca. 500 m von jedem entfernt. Den Untergrund des Feldes bildet der weisse Jura; die Ackerkrume ist von geringer Tiefe und ist sehr steinig. Die Waldstation ist in dem westlich von der Feldstation befindlichen Buchenstangenholz in einem ca. 50 jährigen Fichtenhorst errichtet, welcher durch eine Durchforstung in mittleren Kronenschluss gebracht ist; sie liegt einige Meter höher als die Feldstation und ist ca. 200 m vom Waldrande entfernt. Der Boden ist sehr tiefgründig und beinahe steinlos. Die Instrumente in der Baumkrone befinden sich 12 m über dem Erdboden. Die Beobachtungen begannen am 1. Januar 1880.

Die Einrichtung der Station St. Johann ist von der Württembergischen forstlichen Versuchsanstalt genau nach den Angaben ausgeführt, die in der von dem Verein deutscher forstlicher Versuchsanstalten vereinbarten Instruction zu den Beobachtungen der für forstliche Zwecke errichteten meteorologischen Stationen in Deutschland darüber gemacht sind. Die Beobachtungen selbst sind vollständig übereinstimmend mit den auf den andern Stationen gemachten und unterscheidet sich die Station St. Johann von den übrigen nur dadurch, dass die Beobachtungen im Winter (1. Oct. bis 1. Mai) um 9^h Morgens und 4^h Nachmittags und im Sommer (1. Mai bis 1. Oct.) um 7^h Morgens und 6^h Abends angestellt werden. Die Leitung und Beaufsichtigung der Station erfolgt durch die Württembergische forstliche Versuchsanstalt in Tübingen, durch welche auch die Berechnung und Zusammenstellung der im vorliegenden Jahresbericht enthaltenen Beobachtungs-Resultate erfolgt ist.

In Bezug auf die Beobachter sind gegen das vorhergehende Jahr folgende Veränderungen eingetreten:

In Eberswalde schied der Hülfsjäger Weissert am 15. Juli aus und nachdem die Beobachtungen während des folgenden Monats von Herrn Dr. Grossmann und dem Forsteleven Karaczkewicz ausgeführt waren, trat am 15. August der Hülfsjäger Stäckling als Beobachter ein.

In Schoo trat am 1. April der Hülfsjäger Heinrichs an Stelle des Forstaufsehers Ebeling als Beobachter ein.

In Lahnhof wurde der Forstaufseher Rohrberg, welcher in Gemeinschaft mit dem Förster Metzler die meteorologischen Beobachtungen ausführte am 1. Februar durch den Hülfsjäger Schumacher ersetzt.

Die die Aufsicht über die meteorologischen Stationen führenden und den Verkehr mit der Hauptstation vermittelnden Oberförster blieben dieselben wie in dem vorhergehenden Jahre mit Ausnahme von Hadersleben, wo der Oberförster Wulff an Stelle des Oberförster Kienast trat.

Eine längere Unterbrechung aller Beobachtungen hat nicht stattgefunden, jedoch konnten die Erdbodenthermometer nicht immer auf allen Stationen regelmässig abgelesen werden, weil entweder die Holzleisten, in welchen sich die Thermometer befinden, in den Wintermonaten zuweilen festgefroren waren oder weil die Beobachtungen durch das Vorhandensein von zu viel Grundwasser verhindert wurden. In einzelnen Fällen war auch ein Thermometer zerbrochen und konnte nicht unmittelbar durch ein anderes ersetzt werden. Die Beobachtungen der Erdbodenthermometer fielen aus:

In Carlsberg auf der Feldstation für 0,15 m Tiefe vom 1. bis 24. Mai und für 0,3 m Tiefe vom 24. März bis 13. April,

in Eberswalde auf der Waldstation für 0,15 m Tiefe vom 8. Februar bis 1. April und vom 20. bis 28. Juli,

in Friedrichsrode auf der Feldstation für die Oberfläche vom 29. April bis 20. Mai,

in Sonnenberg auf der Feldstation für 0,15 m Tiefe vom 22. October bis 5. November, für 0,3 und 0,6 m Tiefe vom 1. bis 30. April, für 0,9 m Tiefe vom 1. Februar bis 30. April und für 1,2 m Tiefe vom 1. Februar bis 2. Mai, auf der Waldstation für 0,3 m Tiefe vom 1. April bis 7. Mai und vom 27. bis 31. August, für 0,6 m Tiefe vom 27. August bis 6. September, für 0,9 m Tiefe vom 27. bis 31. August und für 1,2 m Tiefe vom 4. Februar bis 7. Mai und vom 27. bis 31. August. Ausserdem fielen die Beobachtungen auf der Feldstation für 0,3, 0,6, 0,9 und 1,2 m Tiefe am 17. October Nachmittags 2^h aus,

in Marienthal auf der Feldstation für 0,3 m Tiefe vom 22. Januar bis 18. März, für 0,6 m Tiefe vom 15. Januar bis 18. März und 2. bis 4. November, für 0,9 m Tiefe vom 9. Januar bis 19. März und vom 2. bis 4. November und für 1,2 m Tiefe vom 9. Januar bis 20. März und vom 2. bis 4. November, auf der Waldstation für 0,9 m Tiefe vom 16. bis 31. Januar, den 7., 15., 17., Februar und vom 26. Februar bis 8. März und für 1,2 m Tiefe vom 16. Januar bis 10. Februar, den 15., 17. Februar und vom 26. Februar bis 10. März,

in Hadersleben auf der Feldstation für 0,15 m Tiefe vom 2. bis 16. Juli,

in Schoo auf der Feldstation für 0,3 m Tiefe am 20. Januar und vom 14. März bis 10. April, für 0,6 und 0,9 m Tiefe am 20. Januar und für 1,2 m Tiefe vom 18. Januar bis 2. Februar, vom 13. bis 22. Februar und vom 1. bis 8. März, auf der Waldstation für 0,9 m Tiefe vom 18. bis 29. Januar, vom 13. Februar bis 20. März und für 1,2 m Tiefe vom 18. Januar bis 5. Februar und vom 13. Februar bis 20. März,

in Lahnhof auf der Feldstation für 0,9 m Tiefe vom 4. bis 27. April,

in Hagenau auf der Waldstation für 1,2 m Tiefe vom 22. Februar bis 6. Juli,

in Neumath auf der Feldstation für die Oberfläche vom 6. bis 31. December, für 0,3 und 1,2 m Tiefe vom 28. Januar bis 4. Februar, auf der Waldstation für 0,3 und 0,6 m Tiefe vom 28. Januar bis 11. Februar und vom 6. bis 31. December.

Bei den übrigen Beobachtungen haben folgende Unterbrechungen stattgefunden:

In Fritzen fehlte auf der Waldstation am 30. Juni und 1. Juli das Maximum-Thermometer unten im Schatten und am 1. Juli das Minimum-Thermometer unten im Freien. Ausserdem fehlten auf der Waldstation unten und in der Baumkrone die beiden Thermometer zum Psychrometer vom 1. bis 12. Juli,

in Eberswalde fehlte am 5., 6. und 15. October das Minimum-Thermometer auf der Waldstation in der Baumkrone und auf der Feldstation am 15. October das Minimum-Thermometer im Freien,

in Sonnenberg fielen alle Beobachtungen auf der Feld- und Waldstation am 5. Januar Nachmittags 2^h aus und ebenso auf der Feldstation am 17. October Nachmittags 2^h,

in Hadersleben fielen auf der Waldstation in der Baumkrone die Beobachtungen aus vom 6. bis 11. Juni und am 12. November, sowie die Psychrometer-Beobachtungen am 27. Januar, 4. März, 8., 17. und 22. September und am 9. November Nachmittags 2^h. Ausserdem fielen alle Beobachtungen auf der Feld- und Waldstation Vormittags 8^h und Nachmittags 2^h am 5. Juni aus,

in Schoo fielen die Beobachtungen auf der Feld- und Waldstation am 18. März Nachmittags 2^h aus,

in Hollerath fielen die Beobachtungen auf der Feld- und Waldstation am 6. Juli Vormittags 8^h aus,

in Hagenau konnten die Ablesungen am Barometer bis zum 19. Februar nicht gemacht werden, weil das Instrument schadhaft geworden war und nicht früher durch ein anderes ersetzt werden konnte.

Im Laufe d. J. 1881 sind die drei Stationen Friedrichsrode, Sonnenberg und Marienthal einer eingehenden Revision unterzogen und die auf ihnen benutzten Instrumente mit den in Eberswalde befindlichen Normalinstrumenten wieder verglichen worden. Die Revision erfolgte in Friedrichsrode am 13. und 14. October, in

Sonnenberg am 17. und 18. October und in Marienthal am 20. October.

Die Zusammenstellung der Monats-Beobachtungen ist auch i. J. 1881 nach wie vor im Verlage von Julius Springer in Berlin unter dem Titel: „Beobachtungs-Ergebnisse der im Königreich Preussen, im Herzogthum Braunschweig und in den Reichslanden eingerichteten forstlich-meteorologischen Stationen" erschienen und sowohl jedem Heft der Zeitschrift für Forst- und Jagdwesen, herausgegeben von Bernhard Danckelmann, als Beilage hinzugefügt, als auch durch den Buchhandel direct vertrieben.

Bei der Bearbeitung des vorliegenden sechsten Jahresberichtes ist der Assistent für Physik und Meteorologie, Herr Dr. Louis Grossmann, behülflich gewesen. Die Form des Jahresberichtes ist gegen die früher erschienenen unverändert geblieben, nur ist die Reihenfolge der Stationen geändert, indem dieselben nicht mehr wie in den früheren Jahrgängen nach der Zeit ihrer Einrichtung, sondern nach ihrer geographischen Lage von E nach W und von N nach S geordnet sind. Ausserdem ist die frühere Taf. VIII., welche die Unterschiede zwischen den Monatsmitteln der Lufttemperatur im Walde 1,5 m hoch und in der Baumkrone und den Monatsmitteln der Lufttemperatur im Freien 1,5 m hoch, Morgens 8^h, Mittags 2^h und der aus ihnen berechneten Mittel in Graden der Centesimal-Scala enthielt, fortgelassen worden.

B. Resultate

der während des Jahres 1881 auf den von den forstlichen Versuchsanstalten des Königreich Preussen, des Königreich Württemberg, des Herzogthum Braunschweig und der Reichslande eingerichteten forstlich-meteorologischen Stationen angestellten Beobachtungen.

I. Luftdruck.

Die Barometerbeobachtungen sind im Laufe d. J. 1881 mit Ausnahme von Hagenau, wo das Barometer unbrauchbar geworden war und erst am 20. Februar durch ein neues Instrument ersetzt werden konnte, ohne Unterbrechung ausgeführt. Bei Angabe der

Monats- und Jahresmittel der Vor- und Nachmittags ausgeführten Beobachtungen, so wie der Maxima und Minima des Barometerstandes im Laufe der einzelnen Monate und des Jahres sind die bereits in den letzten beiden Jahresberichten angegebenen Correctionen und zwar

für Eberswalde   + 0,54 mm
„ Schoo   — 0,25 mm
„ Hadersleben — 0,15 mm
„ Carlsberg   + 2,04 mm

ebenso wie in den monatlichen Beobachtungs-Ergebnissen pro 1881 berücksichtigt worden. Ausserdem ergab die Revision der drei Stationen Friedrichsrode, Sonnenberg und Marienthal, dass man, um die Barometerbeobachtung mit der am Normalbarometer der Hauptstation Eberswalde in Uebereinstimmung zu bringen, zu der auf 0° reducirten Barometer-Ablesung

in Friedrichsrode 0,66 mm zu addiren
in Sonnenberg   0,24 mm zu addiren hat und dass
in Marienthal das Barometer mit dem der Hauptstation in Eberswalde übereinstimmt. Auch diese Correctionen sind in den nachfolgenden Tafeln berücksichtigt worden, während sie in den monatlichen Beobachtungs-Ergebnissen d. J. 1881 noch nicht eingeführt sind.

Aus den in den bisher erschienenen Jahresberichten gemachten Angaben über die Barometer-Correctionen ergiebt sich, dass man zu den publicirten Zahlen noch Correctionen hinzufügen muss, welche von den Fehlern der Barometer, die erst später bestimmt werden konnten, herrühren. Um dadurch auch die früheren Angaben auf die des Normal-Barometers in Eberswalde zu reduciren, muss man

für Eberswalde   pro 1875 bis 1878 : 0,12 mm subtrahiren
„ Friedrichsrode pro 1880 :   0,66 mm addiren
„ Carlsberg   pro 1875 bis 1879 : 1,38 mm addiren
„ Hadersleben   pro 1875 bis 1878 : 0,81 mm subtrahiren
„ Schoo   pro 1876 bis 1878 : 0,91 mm subtrahiren
„ Sonnenberg   pro 1877 bis 1879 : 0,42 mm subtrahiren
                und pro 1880 : 0,34 mm addiren
„ Marienthal   pro 1878 u. 1879 : 0,66 mm subtrahiren.

Bei den übrigen Stationen sind die aus den unmittelbaren Beobachtungen auf 0° reducirten Barometerstände angegeben und bedürfen diese Zahlen deshalb noch einer Correction, deren Werth erst bestimmt werden muss.

Das wahre Monats- und Jahresmittel ist aus den Beobachtungen um 8^h und um 2^h abweichend von den in den monatlichen Beobachtungs-Ergebnissen pro 1881 angegebenen Resultaten, die als arithmetisches Mittel der beiden Beobachtungen gefunden sind, ebenso wie in den früheren Jahren dadurch berechnet, dass die Beobachtung um 8^h mit 3, die um 2^h mit 5 multiplicirt und ihre Summe durch 8 dividirt wurde.

Aehnlich ist auch für die Württembergische Station St. Johann das wahre Mittel berechnet worden, doch mussten für diese die Faktoren noch besonders bestimmt werden, weil auf ihr andere Beobachtungszeiten, nehmlich für den Winter (1. October bis 1. Mai) 9^h Morgens und 4^h Nachmittags und für den Sommer (1. Mai bis 1. October) 7^h Morgens und 6^h Abends eingeführt sind. Die Berechnung dieser Faktoren geschah ebenso wie für die Beobachtungszeiten 8^h Morgens und 2^h Nachmittags (cf. III. Jahresbericht 1877 S. 4) mit Benutzung des IX. und X. Jahrganges der von Bruhns herausgegebenen „Resultate aus den meteorologischen Beobachtungen, angestellt an 24 Königlich Sächsischen Stationen in den Jahren 1872 und 1873", wo auf S. 131 die sechsjährigen Mittel des Luftdruckes für die einzelnen Stunden aus den Jahren 1868 bis 1873 für Leipzig angegeben sind. Aus diesen wird der mittlere tägliche Barometerstand in mm nach der Bessel'schen Formel gefunden:

$$= 751{,}26 - 0{,}05 \cos h + 0{,}12 \sin h + 0{,}14 \cos 2\,h$$
$$- 0{,}17 \sin 2\,h - 0{,}01 \cos 3\,h + 0{,}03 \sin 3\,h,$$

wo h die Zeit in Graden bedeutet und jede Stunde zu 15° von 0 Uhr früh bis Mitternacht zu rechnen ist.

Aus dieser Formel ergiebt sich, dass der mittlere Barometerstand

um 9^h Morgens	$= 751{,}26 + 0{,}304$ mm	
„ 4^h Nachmittags	$= 751{,}26 - 0{,}306$ mm	
„ 7^h Morgens	$= 751{,}26 + 0{,}064$ mm und	
„ 6^h Nachmittags	$= 751{,}26 - 0{,}230$ mm ist.	

Hieraus folgt, dass das wahre Tagesmittel aus den Beobachtungen um 9^h und um 4^h dadurch gefunden wird, dass man beide Beobachtungen addirt und ihre Summe durch 2 dividirt und dass dasselbe aus den Beobachtungen um 7^h und um 6^h gefunden wird, indem man das erstere mit 7, das letztere mit 2 multiplicirt und die Summe der erhaltenen Produkte durch 9 dividirt.

Tafel I.

Monatsmittel des um 8^h Morgens und 2^h Mittags beobachteten Luftdrucks und wahres Monatsmittel desselben in Millim.

In St. Johann fanden die Beobachtungen im Winter (October bis April) um 9^h Morgens und 4^h Nachmittags und im Sommer (Mai bis September) um 7^h Morgens und 6^h Nachmittags statt.

	Januar			Februar		
	8^h	2^h	Wahres Mittel	8^h	2^h	Wahres Mittel
Fritzen	755,3	755,4	755,4	758,8	758,7	758,8
Kurwien	747,3	746,9	747,1	749,3	749,3	749,3
Carlsberg	695,1	694,8	694,9	696,0	696,0	696,0
Eberswalde	758,8	758,5	758,6	758,5	758,2	758,3
Friedrichsrode	720,1	719,5	719,7	719,4	719,2	719,3
Sonnenberg	689,1	689,0	689,0	689,4	689,1	689,2
Marienthal	748,4	747,9	748,1	747,2	747,1	747,1
Hadersleben	756,6	756,4	756,5	756,5	756,1	756,3
Schoo	759,1	759,1	759,1	757,9	757,5	757,7
Lahnhof	704,2	703,8	703,9	703,0	703,1	703,1
Hollerath	703,4	702,9	703,0	703,2	703,0	703,0
St. Johann	689,6	689,3	689,5	690,6	690,3	690,5
Hagenau	—	—	—	—	—	—
Neumath	727,6	727,4	727,5	727,8	727,8	727,8
Melkerei	674,9	674,5	674,7	676,7	676,2	676,3

	März			April		
	8^h	2^h	Wahres Mittel	8^h	2^h	Wahres Mittel
Fritzen	756,1	755,3	755,6	760,7	760,3	760,4
Kurwien	747,0	746,7	746,9	751,1	750,6	750,8
Carlsberg	695,7	695,9	695,8	697,3	697,2	697,3
Eberswalde	758,4	757,9	758,1	760,9	760,2	760,5
Friedrichsrode	720,3	720,5	720,4	721,5	721,9	721,7
Sonnenberg	690,5	690,6	690,6	692,2	692,1	692,1
Marienthal	748,1	747,8	748,0	750,0	749,5	749,7
Hadersleben	755,0	755,2	755,1	759,6	759,3	759,4
Schoo	757,9	758,2	758,1	761,2	760,8	760,9
Lahnhof	705,3	705,1	705,2	705,7	705,4	705,6
Hollerath	705,4	705,2	705,3	705,4	705,2	705,3
St. Johann	692,8	692,7	692,8	691,4	691,0	691,2
Hagenau	747,5	746,9	747,1	745,9	745,4	745,6
Neumath	729,4	729,1	729,2	727,9	727,6	727,7
Melkerei	678,7	678,5	678,5	677,2	677,3	677,2

	Mai			Juni		
	8h	2h	Wahres Mittel	8h	2h	Wahres Mittel
Fritzen	761,1	760,8	760,9	754,5	754,7	754,6
Kurwien	751,9	751,5	751,6	746,2	746,0	746,1
Carlsberg	700,6	700,4	700,5	698,1	698,2	698,2
Eberswalde	762,7	762,0	762,3	758,2	757,9	758,0
Friedrichsrode	725,4	725,2	725,3	722,4	722,3	722,4
Sonnenberg	696,4	696,5	696,5	694,1	694,0	694,0
Marienthal	752,8	752,3	752,5	749,4	748,8	749,0
Hadersleben	760,8	760,8	760,8	756,6	756,7	756,7
Schoo	763,8	763,7	763,7	759,9	760,0	760,0
Lahnhof	710,1	709,7	709,9	708,3	707,6	707,9
Hollerath	710,2	710,1	710,1	708,2	708,1	708,1
St. Johann	696,1	696,0	696,0	694,8	694,6	694,8
Hagenau	750,9	750,5	750,6	748,4	747,6	747,9
Neumath	732,8	732,4	732,6	730,7	730,4	730,5
Melkerei	682,2	682,6	682,4	681,5	681,4	681,5

	Juli			August		
	8h	2h	Wahres Mittel	8h	2h	Wahres Mittel
Fritzen	756,9	756,8	756,8	753,9	753,8	753,8
Kurwien	748,9	748,7	748,7	746,0	745,8	745,9
Carlsberg	701,3	701,1	701,2	698,1	697,9	698,0
Eberswalde	759,9	759,0	759,3	755,8	755,5	755,6
Friedrichsrode	724,2	724,0	724,1	720,6	720,4	720,5
Sonnenberg	696,2	695,9	696,1	691,9	692,1	692,1
Marienthal	750,8	750,0	750,3	746,5	746,6	746,6
Hadersleben	756,6	756,5	756.6	751,8	752,3	752,1
Schoo	760,5	760,3	760,4	755,5	756,5	756,1
Lahnhof	710,1	709,6	709,8	706,2	706,2	706,2
Hollerath	710,1	710,0	710,1	705,9	706,4	706,2
St. Johann	697,6	697,2	697,5	694,5	694,3	694,4
Hagenau	750,3	749,5	749,8	747,2	746,8	747,0
Neumath	732,7	732,2	732,4	729,7	729,5	729,6
Melkerei	684,1	684,1	684,1	681,0	681,1	681,1

	September			October		
	8h	2h	Wahres Mittel	8h	2h	Wahres Mittel
Fritzen	759,8	759,8	759,8	760,4	760,0	760,1
Kurwien	751,1	751,0	751,0	751,3	751,1	751,2
Carlsberg	699,2	699,3	699,3	698,0	697,6	697,8
Eberswalde	759,6	759,4	759,5	760,3	759,7	759,9
Friedrichsrode	722,8	723,0	723,0	722,2	722,2	722,2
Sonnenberg	694,2	694,3	694,3	692,6	692,3	692,4
Marienthal	749,9	749,7	749,8	750,1	749,7	749,9
Hadersleben	758,6	758,7	758,6	759,4	758,7	758,9
Schoo	760,3	760,6	760,5	761,4	761,1	761,2
Lahnhof	708,4	708,4	708,4	707,1	706,8	706,9
Hollerath	707,6	707,7	707,6	706,5	706,3	706,4
St. Johann	694,6	694,8	694,7	692,6	692,5	692,5
Hagenau	748,6	748,1	748,3	747,8	747,2	747,4
Neumath	730,7	730,5	730,6	730,6	730,4	730,5
Melkerei	681,0	681,2	681,1	678,4	678,3	678,4

	November			December		
	8ʰ	2ʰ	Wahres Mittel	8ʰ	2ʰ	Wahres Mittel
Fritzen	759,7	760,2	760,0	762,2	761,9	762,0
Kurwien	752,1	752,3	752,3	754,1	753,7	753,8
Carlsberg	702,9	702,8	702,8	701,1	700,7	700,8
Eberswalde	763,1	762,9	763,0	762,9	763,0	762,9
Friedrichsrode	726,1	725,8	725,9	725,3	725,3	725,3
Sonnenberg	696,5	696,3	696,4	694,7	694,5	694,5
Marienthal	752,9	752,7	752,8	752,1	751,9	752,0
Hadersleben	757,8	757,9	757,9	759,3	759,2	759,2
Schoo	761,3	761,3	761,3	762,0	762,2	762,1
Lahnhof	711,3	710,9	711,0	709,3	709,2	709,3
Hollerath	710,2	710,0	710,1	708,6	708,4	708,5
St. Johann	698,4	698,3	698,4	695,9	695,4	695,6
Hagenau	753,2	752,5	752,8	751,7	751,2	751,4
Neumath	734,8	734,7	734,7	733,6	733,2	733,4
Melkerei	684,3	684,1	684,2	681,6	681,0	681,3

Tafel II.

Jahresmittel des um 8ʰ Morgens und um 2ʰ Mittags beobachteten Luftdruckes und wahres Jahresmittel desselben in Millim.

In St. Johann fanden die Beobachtungen im Winter (October bis April) um 9ʰ Morgens und 4ʰ Nachmittags und im Sommer (Mai bis September) um 7ʰ Morgens und 6ʰ Nachmittags statt.

	Höhe der Station in Mtr.	Jahresmittel		
		8ʰ	2ʰ	Wahres Mittel
Fritzen	30	758,3	758,2	758,2
Kurwien	124	749,7	749,6	749,6
Carlsberg	690	698,6	698,5	698,6
Eberswalde	42	759,9	759,5	759,7
Friedrichsrode	353	722,5	722,5	722,5
Sonnenberg	774	693,2	693,1	693,1
Marienthal	143	749,9	749,5	749,7
Hadersleben	34	757,4	757,3	757,3
Schoo	3	760,1	760,1	760,1
Lahnhof	602	707,4	707,2	707,3
Hollerath	612	707,1	706,9	707,0
St. Johann	760	694,1	693,9	694,0
Hagenau [1])	145	749,2	748,6	748,8
Neumath	340	730,7	730,4	730,5
Melkerei	930	680,1	680,0	680,1

[1]) Bei der Berechnung der Jahresmittel in Hagenau fehlten die Beobachtungen vom Januar und Februar.

Tafel III.

Monatliche Extreme des Luftdrucks.

Januar

	Maximum			Minimum			Diff.
	Dat. u. St.	mm	Wind	Dat. u. St.	mm	Wind	
Fritzen	6;2h	775,3	N	10;8h	740,8	NNW	34,5
Kurwien	6;2h	765,0	N	20;2h	733,0	E	32,0
Carlsberg	7;8h	711,7	C	20;8h	679,4	WSW	32,3
Eberswalde	6;2h	779,1	E	20;8h	738,8	ENE	40,3
Friedrichsrode	7;8h	737,8	C	19;2h	702,0	WSW	35,8
Sonnenberg	7;8h	707,0	ENE	20;8h	672,5	W	34,5
Marienthal	6;2h	767,8	NE	20;8h	730,2	W	37,6
Hadersleben	6;2h	779,5	C	30;8h	739,1	C	40,4
Schoo	6;2h	780,7	ESE	29;2h	740,2	SE	40,5
Lahnhof	7;8h	721,3	NE	28;2h	685,9	SSE	35,4
Hollerath	7;8h	719,6	ESE	28;2h	683,0	S	36,6
St. Johann	2;9h	702,6	ESE	19;4h	676,5	SSW	26,1
Hagenau	—	—	—	—	—	—	—
Nenmath	2;8/2h	740,6	E;S	19;8h	716,6	SSW	24,0
Melkerei	2;8h	687,9	C	19;2h	661,2	SW	26,7

Februar

	Maximum			Minimum			Diff.
	Dat. u. St.	mm	Wind	Dat. u. St.	mm	Wind	
Fritzen	20;8h	776,2	SE	11;8h	728,9	SW	47,3
Kurwien	21/22;8h	765,8	ESE/SE	11;8h	723,8	SW	42,0
Carlsberg	21;2h	706,7	SW	11;8h	677,6	SW	29,1
Eberswalde	19;2h	770,6	E	11;8h	732,9	W	46,7
Friedrichsrode	21;2h	728,9	SE	11;8h	698,9	SW	30,0
Sonnenberg	21;2h	698,8	E	11;8h	669,7	SW	29,1
Marienthal	21;8h	757,8	ESE	11;8h	723,2	WSW	34,6
Hadersleben	20;8h	770,7	ENE	10;2h	731,9	C	38,8
Schoo	20;8h	770,0	E	10;2h	731,2	SW	38,8
Lahnhof	21;8/2h	712,1	ENE/NE	11;2h	683,3	WSW	28,8
Hollerath	23;8h	711,3	S	11;8h	684,6	SW	26,7
St. Johann	21;9h	698,1	SSE	11;4h	673,9	SW	24,2
Hagenau	—	—	—	—	—	—	—
Nenmath	23;8h	734,2	ESE	11;8h	717,1	SW	17,1
Melkerei	21;8h	684,0	WSW	11;2h	659,9	SW	24,1

März

	Maximum			Minimum			Diff.
	Dat. u. St.	mm	Wind	Dat. u. St.	mm	Wind	
Fritzen	15;2h	772,8	NNE	25;2h	739,1	SSE	33,7
Kurwien	16;8h	763,2	C	25;2h	731,7	SSW	31,5
Carlsberg	16;8h	709,4	NE	25;2h	681,8	SSW	27,6
Eberswalde	16;8h	775,5	C	25;2h	738,5	SW	37,0
Friedrichsrode	16;8h	734,8	SE	25;2h	705,5	W	29,3
Sonnenberg	16;8h	705,3	E	25;8h	674,6	WSW	30,7
Marienthal	16;8h	763,7	SE	25;2h	730,8	WSW	32,9
Hadersleben	15;2h	771,9	SE	25;2h	731,0	SW	40,9
Schoo	16;8h	774,2	SE	25;3/2h	738,6	W	35,6
Lahnhof	16;8h	718,3	ESE	25;8h	690,3	WSW	28,0
Hollerath	18;8h	719,6	WSW	25;8h	691,5	WSW	28,1
St. Johann	18;9h	706,1	NE	21;4h	685,1	W	21,0
Hagenau	18;8h	762,1	C	25;8h	735,3	WSW	26,8
Nenmath	18;8h	743,2	W	25;2h	719,1	WSW	24,1
Melkerei	18;8h	692,6	NNW	25;8h	667,0	SW	25,6

Station	April							Mai							Juni						
Fritzen	9;8h	772,1	SE	20;8h	739,4	W	32,7	12;8/23;8	769,9	SE/NNE	4;8h	750,5	S	19,4	25;8h	767,6	N	9;8h	740,2	WNW	27,4
Kurwien	9;8h	761,4	ENE	19;2h	734,1	S	27,3	7;8h	760,1	WNW	17;8h	743,3	SW	16,8	25;8h	757,7	WNW	8;2h	734,8	SSE	22,9
Carlsberg	14;8h	704,4	NE	19;2h	685,2	SW	19,2	7;8h	710,5	C	3;3h	693,4	SW	17,1	24;2h	706,1	E	8;8h	684,7	NNW	21,4
Eberswalde	9;8h	769,3	E	20;2h	747,5	W	21,8	23;8h	772,0	NE	16;2h	749,2	SW	22,8	24;8h	767,7	C	6;2h	744,1	WSW	23,6
Friedrichsrode	29;8h	728,6	NW	21;8h	711,6	WNW	17,0	7;2/8;8	735,1	NW/WNW	16;2h	714,5	S	20,6	30;8h	731,6	WNW	6;2h	709,2	SW	22,4
Sonnenberg	29;8h	698,5	W	20;2h	682,3	W	16,2	7;2h	706,1	W	16;8h	686,1	SSW	20,0	30;2h	702,8	NW	6;2h	680,9	S	21,9
Marienthal	9;8h	756,9	E	21;8h	738,3	WSW	18,6	22;8h	762,4	N	16;8h	740,6	SW	21,8	30;8h	758,5	WSW	6;2h	734,1	SSE	24,4
Hadersleben	8;8h	769,5	ENE	21;8h	744,9	W	24,6	23;8h	773,7	NE	16;8h	745,3	S	28,4	24;2h	766,7	WSW	7;8h	741,3	W	25,4
Schoo	8;8h	769,7	E	21;8h	749,7	W	20,0	22;8h	775,9	NNE	16;2h	748,3	SW	27,6	24;8h	770,0	W	6;2h	741,6	SSW	28,4
Lahnhof	29;8h	714,0	WNW	20;2h	697,1	WSW	16,9	7;2h	719,7	NNW	16;8h	700,1	SSW	19,6	30;8h	716,3	WSW	6;2h	694,2	SSE	22,1
Hollerath	29;8h	713,7	W	21;8h	698,0	NW	15,7	7;2h	720,4	NE	16;8h	699,4	SSW	21,0	30;8h	717,1	NNE	6;2h	692,5	SSW	24,6
St. Johann	29;9h	699,8	WNW	1;4h	688,2	C	11,6	7;7h	705,3	ENE	3;7h	687,9	E	17,4	30;6h	703,2	C	8;7h	683,3	C	19,9
Hagenau	29;8h	756,2	S	19;2h	737,3	NE	18,9	7;8h	760,1	NE	3;8h	741,4	C	18,7	30;8h	757,2	C	6;2h	733,1	SSW	24,1
Neumath	29;8h	737,3	W	20;2h	721,0	N	16,3	7;8h	741,8	SE	2;2h	724,1	SW	17,7	30;8h	739,1	NE	6;2h	719,0	SW	20.1
Melkerei	29;8h	686,0	N	20;2/21;8	669,6	ENE/NE	16,4	7;8/2	691,8	ENE	2;2h	674,0	SSW	17,8	30;8h	689,3	NE	6;2h	668,6	SSW	20,7

Station	Juli							August							September						
Fritzen	2;8h	763,7	N	27;8h	746,4	WSW	17,3	3;2h	764,7	NW	11;2h	744,6	WNW	20,1	24;8h	772,9	E	15;8h	749,6	SSW	23,3
Kurwien	29;8h	756,1	W	27;8h	740,4	W	15,7	3;2h	755,4	WNW	18;8h	733,5	C	21,9	24;2h	763,2	C	4;8h	741,2	ESE	22,0
Carlsberg	15;8h	707,4	NW	21;8h	692,6	WSW	14,8	4;8h	706,8	W	17;2h	686,6	SSW	20,2	24;2h	708,3	E	4;8h	691,1	W	17,2
Eberswalde	1;8h	767,2	C	26;2h	747,6	C	19,6	3;8h	767,5	WNW	13;2h	742,9	SSW	24,6	24;8h	773,4	ENE	4;2h	750,7	NW	22,7
Friedrichsrode	14;8h	732,3	NNW	26;8h	712,5	SW	19,8	4;8h	731,5	W	17;2h	708,7	NW	22,8	24;2h	733,7	E	22;8h	713,1	ESE	20,6
Sonnenberg	14;2h	703,5	WNW	26;2h	681,5	S	22,0	4;2h	702,8	WSW	17;8h	680,5	S	22,3	24;2h	703,3	E	22;8h	684,8	E	18,5
Marienthal	14;8/2h	757,8	WSW	26;2h	735,5	ENE	22,3	3;2h	758,1	SE	17;2h	734,9	WSW	23,2	24;8h	762,0	E	22;8h	741,5	ENE	20,5
Hadersleben	14;2h	763,8	WSW	26;2h	744,9	C	18,9	3;8h	764,0	W	18;8h	742,0	C	22,0	24;8h	772,0	ESE	5;3/2h	748,0	C;SE	24,0
Schoo	14;8/2h	768,3	WSW/W	26;2h	746,7	SE	21,6	4;2h	767,9	W	18;8h	744,9	SW	23,0	30;8h	772,6	C	7;8h	749,2	WSW	23,4
Lahnhof	14;8/2h	716,7	WNW/WSW	26;2h	693,0	ESE	23,7	4;8h	717,8	WSW	17;8h	694,4	ESE	23,4	30;8h	717,0	NE	22;8h	697,2	E	19,8
Hollerath	14;8/2h	717,5	NNW/NW	26;2h	694,2	W	23,3	4;8h	717,2	WNW	17;8h	694,7	WNW	22,5	29;2h	716,1	NNE	22;8h	696,2	W	19,9
St. Johann	4;7h	703,0	C	26;7h	686,9	s	16,1	4;7h	703,8	C	17;7h	684,4	SW	19,4	24;6h	701,5	E	22;7h	686,3	SW	15,2
Hagenau	11;8h	757,0	C	26;2h	736,2	SW	20,8	4;8h	757,1	C	17;8h	736,5	SW	20,6	24;8h	756,1	ENE	21;2h	739,2	C	16,9
Neumath	11;8h	739,0	S	26;2h	720,2	SW	18,8	4;8h	739,2	C	17;8h	720,1	SW	19,1	24;8h	737,8	ENE	21;2h	721,7	SE	16,1
Melkerei	14;2h	690,2	ENE	26;2h	670,1	SW	20,1	4;8/2h	690,2	NW	17;8h	670,9	SSW	19,3	29;8/2h	686,9	NE;NNE	22;8h	672,5	SW	14,4

	Maximum			Minimum			Diff.	Maximum			Minimum			Diff.	Maximum			Minimum			Diff.
	Dat. u. St.	mm	Wind	Dat. u. St.	mm	Wind		Dat. u. St.	mm	Wind	Dat. u. St.	mm	Wind		Dat. u. St.	mm	Wind	Dat. u. St.	mm	Wind	
	October							**November**							**December**						
Fritzen	5;8h	774,0	ESE	15;8h	735,2	SW	38,8	4;2h	774,5	SSE	17;2h	744,6	SW	29,9	15;8h	776,2	SE	18;2h	736,6	S	39,6
Kurwien	7;8h	763,6	SE	15;8h	732,3	WSW	31,3	4;2h	765,5	NE	18;8h	737,3	W	28,2	14;2h	765,5	E	21;2h	730,9	S	34,6
Carlsberg	7;2h	708,9	C;SE	25;2h	687,8	N	21,1	19:2h	709,2	WSW	27;2h	693,0	SW	16,2	25;8h	711,3	C	21;8n	682,2	SW	29,1
Eberswalde	7;8h	771,5	SE	14;2h	741,9	S	29,6	19;8h	771,8	C	27;2h	746,2	SE	25,6	25;8h	777,9	C	18;2h	733,1	SSW	44,8
Friedrichsrode	7;8h	732,6	S	14;2h	703,2	SW	29,4	19;8h	734,4	WSW	27;2h	710,2	SSW	24,2	25;8h	739,0	SSE	18;8h	702,7	SSW	36,3
Sonnenberg	7;2h	702,4	SW	14;2h	676,6	W	25,8	19;8h	703,3	WSW	27;8h	680,3	SW	23,0	25;8h	707,0	C	20;2h	671,9	SSE	35,1
Marienthal	7;8h	759,9	SE	14;2h	729,5	S	30,4	19;8h	761,8	S	27;2h	734,5	SSW	27,3	25;8h	766,6	SE	18;8h	725,3	SSW	41,3
Hadersleben	4;8h	771,1	NE	14;2h	727,7	SSW	43,4	8;2h	767,3	C	27;8h	733,3	SW	34,0	24;8h	775,6	C	18;2h	724,8	WSW	50,8
Schoo	1;8h	771,8	ESE	14;2h	732,2	SW	39,6	19;8h	770,6	S	27;8h	738,2	SW	32,4	24;8h	777,7	C	18;8h	727,0	ENE	50,7
Lahnhof	7;2h	717,1	SSE	14;2h	691,6	SSW	25,5	19;8h	718,1	SSE	27;2h	694,4	SSW	23,7	27;8h	722,3	WSW	20;2h	684,8	SSE	37,5
Hollerath	7;8h	716,9	C	14;2h	691,4	SSW	25,5	14;8h	718,8	SW	27;2h	692,8	SSW	26,0	27;8h	722,8	C	20;2h	684,6	W	38,2
St. Johann	7;9h	702,3	WSW	25;4h	682,7	C	19,6	13;9h	705,0	WSW	27;9h	688,5	S	16,5	27;9/4h	708,1	E	20;4h	679,4	WSW	28,7
Hagenau	7;8h	758,9	C	23/25;2h	736,7	C;ENE	22,2	13;2h/19;5h	760,2	W;C	27;2h	737,5	SSW	22,7	27;8h	765,5	C	20;2h	730,3	WSW	35,2
Neumath	17;3/2h	743,8	C;NE	14;2h	720,6	SW	23,2	13;2h	742,1	W	27;2h	722,7	SW	19,4	27;2h	746,3	NE	18;8h	721,2	SW	25,1
Melkerei	7;8h	688,5	WNW	23/25;8h	668,8	C;WSW	19,7	13;3/2h	690,9	NW	27;2h	671,5	SSW	19,4	27;8h	694,0	NW	20;2h	661,8	S	32,2

Tafel IV.

Luftdruckextreme während des Jahres 1881.

	Höhe der Station in Mtr.	Maximum			Minimum			Differenz
		Dat. u. St.	mm	Wind	Dat. u. St.	mm	Wind	mm
Fritzen	30	20. Febr. $\}$ 8h 15. Dec.	776,2	SE	11. Febr. 8h	728,9	SW	47,3
Kurwien	124	21;22. Febr. 8h	765,8	ESE;SE	11. ,, 8h	723,8	SW	42,0
Carlsberg	690	7. Jan. 8h	711,7	C	11. ,, 8h	677,6	SW	34,1
Eberswalde	42	6. ,, 8h	779,1	E	11. ,, 8h	732,9	W	46,2
Friedrichsrode	353	25. Dec. 2h	739,0	SSE	11. ,, 8h	698,9	SW	40,1
Sonnenberg	774	7. Jan. $\}$ 8h 25. Dec.	707,0	ENE;C	11. ,, 8h	669,7	SW	37,3
Marienthal	143	6. Jan. 2h	767,8	NE	11. ,, 8h	723,2	WSW	44,6
Hadersleben	34	6. ,, 2h	779,5	C	18. Dec. 2h	724,8	WSW	54,7
Schoo	3	6. ,, 2h	780,7	ESE	18. ,, 8h	727,0	ENE	53,7
Lahnhof	602	27. Dec. 8h	722,3	WSW	11. Febr. 2h	683,3	WSW	39,0
Hollerath	612	27. ,, 8h	722,8	C	28. Jan. 2h	683,0	S	39,8
St. Johann	760	27. ,, 9h u. 4h	708,1	E	11. Febr. 4h	673,9	SW	34,2
Hagenau	145	—	—	—	—	—	—	—
Neumath	340	27. Dec. 2h	746,3	NE	19. Jan. 8h	716,6	SSW	29,7
Melkerei	930	27. ,, 8h	694,0	NW	11. Febr. 2h	659,9	SW	34,1

2. Temperatur der Luft auf freiem Felde und im Walde 1,5 Meter über der Erdoberfläche und in der Baumkrone.

Die in den folgenden Taf. V bis VII angegebenen Mitteltemperaturen für die einzelnen Monate und das Jahr sind sowohl aus den täglich beobachteten Maxima- und Minima-Temperaturen, als auch aus den zweimaltäglichen Beobachtungen am trockenen Thermometer des Psychrometers als gewöhnliche arithmetische Mittel berechnet worden. Eine Ableitung der wahrscheinlichsten Werthe der wahren Mitteltemperaturen aus den Beobachtungen, welche durch Hinzufügung von Correctionen hätte ausgeführt werden müssen, ist ebenso wie bei den früheren Jahresberichten unterlassen. Die in Taf. VIII und IX aufgeführten Unterschiede zwischen den auf freiem Felde und im Walde 1,5 Meter hoch und in der Baumkrone beobachteten Temperaturen sind durch gewöhnliche Subtraction gefunden.

Die an den Thermometern gemachten Ablesungen sind nach den mittleren Fehlern derselben corrigirt. Welche Lücken bei den Beobachtungen vorkamen, ist in den Vorbemerkungen angegeben und sind diese Lücken auch aus den folgenden Tafeln direct ersichtlich.

Tafel V.

Monatsmittel der Lufttemperatur im Freien und im Walde in Graden der Centesimal-Scala.

(Ein * bedeutet, dass die Beobachtungen nicht vollständig ausgeführt werden konnten.)

1881.

Fritzen.

Monate	Im Freien				Im Walde								
					1,5 Mtr. über der Erdoberfläche				in der Baumkrone				
	Mittel der Maxima-Temperaturen	Mittel der Minima-Temperaturen	Mittel aus Maxima- und Min.-Temp.	Mittel aus 2 mal täglichen Beobachtungen	Mittel der Maxima-Temperaturen	Mittel der Minima-Temperaturen	Mittel aus Maxima- und Min.-Temp.	Mittel aus 2 mal täglichen Beobachtungen	Mittel der Maxima-Temperaturen	Mittel der Minima-Temperaturen	Mittel aus Maxima- und Min.-Temp.	Mittel aus 2 mal täglichen Beobachtungen
Januar	— 4,6	—11,0	— 7,8	— 7,3	— 4,8	—10,4	— 7,6	— 7,5	— 4,9	—10,7	— 7,8	— 7,4
Februar	— 0,9	— 6,2	— 3,6	— 3,1	— 1,4	— 6,3	— 3,8	— 3,3	— 1,7	— 6,3	— 4,0	— 3,2
März	1,6	— 6,2	— 2,3	— 0,7	0,6	— 5,9	— 2,6	— 1,1	0,8	— 5,6	— 2,4	— 0,8
April	8,6	— 2,9	2,9	5,5	6,7	— 2,3	2,2	4,8	7,1	— 1,8	2,7	5,1
Mai	16,9	5,2	11,0	13,7	15,6	5,4	10,5	12,7	16,0	5,8	10,9	12,9
Juni	20,4	9,5	15,0	17,5	18,7	9,7	14,2	16,3	19,2	10,0	14,6	16,7
Juli	22,4	11,6	17,0	19,5	20,2	11,9	16,0	18,0	20,6	12,4	16,5	18,2
August	20,8	10,5	15,6	17,9	18,5	10,4	14,4	16,2	19,0	10,7	14,9	16,6
September	17,4	8,2	12,8	14,3	14,9	8,3	11,6	12,9	15,4	8,6	12,0	13,2
October	8,1	1,8	4,9	5,5	6,8	1,6	4,2	5,0	7,1	1,8	4,5	5,1
November	5,6	0,3	3,0	3,7	4,9	0,4	2,7	3,5	5,3	0,7	3,0	3,5
December	1,2	— 2,1	— 0,4	— 0,3	0,8	— 2,1	— 0,6	— 0,2	1,1	— 1,9	— 0,4	— 0,3

2

Monate	Im Freien				Im Walde							
					1,5 Mtr. über der Erdoberfläche				in der Baumkrone			
	Mittel der Maxima-Temperaturen	Mittel der Minima-Temperaturen	Mittel aus Maxima- und Min.-Temp.	Mittel aus 2 mal täglichen Beobachtungen	Mittel der Maxima-Temperaturen	Mittel der Minima-Temperaturen	Mittel aus Maxima- und Min.-Temp.	Mittel aus 2 mal täglichen Beobachtungen	Mittel der Maxima Temperaturen	Mittel der Minima-Temperaturen	Mittel aus Maxima- und Min.-Temp.	Mittel aus 2 mal täglichen Beobachtungen

Kurwien.

Monate	Maxima (Im Freien)	Minima (Im Freien)	Max-Min (Im Freien)	2 mal (Im Freien)	Maxima (1,5 Mtr)	Minima (1,5 Mtr)	Max-Min (1,5 Mtr)	2 mal (1,5 Mtr)	Maxima (Baumkrone)	Minima (Baumkrone)	Max-Min (Baumkrone)	2 mal (Baumkrone)
Januar	— 5,1	—14,1	— 9,6	— 8,6	— 5,1	—12,7	— 8,9	— 8,4	— 5,7	—12,5	— 9,1	— 8,6
Februar	— 0,5	— 8,1	— 4,3	— 3,5	— 0,8	— 6,6	— 3,7	— 3,6	— 1,2	— 6,9	— 4,1	— 3,8
März	3,2	— 7,5	— 2,1	— 0,6	2,2	— 6,0	— 1,9	— 0,9	2,1	— 6,1	— 2,0	— 0,8
April	11,2	— 7,2	2,0	6,2	9,8	— 5,1	2,3	5,4	10,2	— 4,9	2,6	5,8
Mai	19,7	2,1	10,9	15,2	18,9	3,6	11,2	14,7	18,8	4,4	11,6	14,5
Juni	22,3	7,3	14,8	18,5	21,2	8,6	14,9	17,9	21,5	9,2	15,4	17,7
Juli	24,8	9,2	17,0	20,3	23,4	10,5	17,0	19,7	23,9	11,3	17,6	19,6
August	22,2	7,4	14,8	17,3	20,7	9,0	14,9	16,6	20,6	9,7	15,1	16,6
September	18,2	5,4	11,8	13,9	16,6	6,9	11,8	13,1	16,3	7,2	11,7	13,2
October	8,8	— 1,1	3,8	5,3	7,7	0,3	4,0	4,8	7,3	0,3	3,8	4,8
November	5,7	— 1,5	2,1	3,0	5,1	— 0,4	2,4	2,8	5,0	— 0,5	2,2	2,8
December	0,3	— 5,0	— 2,3	— 1,5	0,1	— 3,8	— 1,9	— 1,5	— 0,1	— 4,1	— 2,1	— 1,6

Carlsberg.

Januar	− 4,9	−15,2	−10,0	− 8,4	− 6,1	−14,2	−10,2	− 8,5	− 5,3	−13,6	− 9,5	− 8,5
Februar	0,5	− 9,0	− 4,3	− 3,3	− 1,2	− 8,3	− 4,7	− 3,8	0,0	− 7,7	− 3,8	− 3,1
März	2,1	− 7,0	− 2,5	− 1,0	0,7	− 6,7	− 3,0	− 1,8	1,8	− 6,3	− 2,3	− 0,8
April	6,5	− 5,4	0,6	3,1	4,4	− 5,1	− 0,3	1,5	5,8	− 4,6	0,6	3,0
Mai	15,0	2,1	8,6	11,4	13,3	1,9	7,6	9,5	14,7	2,8	8,7	11,1
Juni	17,6	5,9	11,7	14,4	16,1	5,8	10,9	12,9	17,0	6,5	11,8	14,0
Juli	22,0	8,8	15,4	18,4	20,1	8,5	14,3	16,4	21,5	9,4	15,5	17,9
August	19,4	7,9	13,6	15,8	17,1	7,5	12,3	14,0	18,8	8,3	13,6	15,4
September	13,9	3,8	8,8	10,3	11,4	3,6	7,5	8,7	13,0	4,3	8,6	10,2
October	4,1	− 1,7	1,2	1,7	3,2	− 1,7	0,8	1,4	3,6	− 1,2	1,2	1,7
November	4,0	− 2,7	0,6	1,2	2,6	− 2,5	0,1	0,6	3,3	− 2,1	0,6	1,1
December	− 0,1	− 6,0	− 3,1	− 2,5	− 1,0	− 5.4	− 3,2	− 2,7	− 0,5	− 5,2	− 2,9	− 2,6

Eberswalde.

Januar	− 2,8	−10,1	− 6,5	− 5,8	− 3,6	−10,2	− 6,9	− 6,6	− 3,3	−10,0	− 6,7	− 6,1
Februar	1,4	− 4,5	− 1,6	− 1,2	0,9	− 4,3	− 1,7	− 1,6	1,1	− 4,3	− 1,6	− 1,4
März	5,7	− 3,0	1,4	2,3	5,2	− 2,6	1,3	1,8	5,1	− 2,5	1,3	2,0
April	11,4	− 0,8	5,3	7,4	10,9	− 0,2	5,3	6,7	10,1	− 0,1	5,0	6,5
Mai	20,5	5,7	13,1	16,1	19,6	6,6	13,1	15,4	19,2	6,8	13,0	15,4
Juni	22,2	9,9	16,1	18,3	20,9	10,7	15,8	17,5	20,6	10,7	15,7	17,4
Juli	25,7	12,5	19,1	21,7	24,3	13,5	18,9	20,5	24,3	13,6	18,9	20,5
August	22,1	11,0	16,5	18,2	20,7	11,9	16,3	16,9	20,6	11,8	16,2	17,0
September	18,0	7,8	12,9	13,9	16,3	8,8	12,5	12,9	16,2	8,7	12,5	13,0
October	9,3	2,0	5,6	6,3	8,5	2,6	5,5	5,8	8,2	2,4	5,3	5,8
November	8,6	1,9	5,3	5,7	8,3	2,3	5,3	5,4	8,1	2,4	5,3	5,5
December	2,9	− 1,4	0,7	1,0	2,7	− 1,0	0,9	0,9	2,4	− 1,0	0,7	0,8

2*

Friedrichsrode.

Monate	Im Freien				Im Walde							
					1,5 Mtr. über der Erdoberfläche				in der Baumkrone			
	Mittel der Maxima-Temperaturen	Mittel der Minima-Temperaturen	Mittel aus Maxima- und Min.-Temperaturen	Mittel aus 2 mal täglichen Beobachtungen	Mittel der Maxima-Temperaturen	Mittel der Minima-Temperaturen	Mittel aus Maxima- und Min.-Temp.	Mittel aus 2 mal täglichen Beobachtungen	Mittel der Maxima-Temperaturen	Mittel der Minima-Temperaturen	Mittel aus Maxima- und Min.-Temp.	Mittel aus 2 mal täglichen Beobachtungen
Januar	— 3,5	—12,5	— 8,0	— 6,6	— 3,4	—11,8	— 7,6	— 6,5	— 3,5	—11,6	— 7,5	— 6,1
Februar	2,2	— 4,9	— 1,3	— 0,5	2,0	— 4,5	— 1,3	— 0,7	2,0	— 4,5	— 1,3	— 0,5
März	5,1	— 3,2	0,9	2,3	5,5	— 2,9	1,3	2,2	5,2	— 2,8	1,2	2,3
April	8,7	— 1,0	3,8	5,3	9,1	— 1,1	4,0	5,3	8,6	— 0,8	3,9	5,1
Mai	18,8	4,2	11,5	13,5	16,8	4,7	10,8	12,8	17,0	5,1	11,0	13,1
Juni	21,2	7,7	14,5	16,1	16,7	8,8	12,8	13,8	18,0	8,8	13,4	14,6
Juli	25,9	10,5	18,2	20,6	21,4	11,9	16,6	18,1	22,8	11,9	17,4	19,0
August	20,4	8,8	14,6	16,2	17,1	10,3	13,7	14,6	18,2	10,1	14,1	15,0
September	15,0	6,1	10,6	12,1	12,4	7,6	10,0	10,8	13,3	7,3	10,3	11,2
October	5,7	0,8	3,3	3,8	4,8	1,0	2,9	3,2	5,0	0,8	2,9	3,3
November	7,8	2,1	5,0	5,3	7,2	1,7	4,5	4,9	7,4	1,9	4,6	5,2
December	1,7	— 2,8	— 0,5	— 0,2	1,5	— 2,8	— 0,7	— 0,2	1,6	— 2,8	— 0,6	— 0,1

Sonnenberg.

Januar	− 3,6	−13,2	− 8,4	− 6,7	− 5,6	−10,7	− 8,1	− 7,2	− 4,7	−11,0	− 7,9	− 7,1
Februar	1,6	− 7,7	− 3,0	− 1,9	− 1,2	− 5,9	− 3,6	− 2,8	0,1	− 6,2	− 3,0	− 2,3
März	2,7	− 6,1	− 1,7	− 0,0	0,8	− 4,8	− 2,0	− 1,1	1,5	− 5,0	− 1,8	− 0,8
April	6,0	− 4,2	0,9	2,6	3,3	− 3,0	0,1	1,3	4,0	− 3,1	0,5	1,8
Mai	13,9	0,5	7,2	10,2	11,5	2,5	7,0	8,8	12,4	2,6	7,5	9,5
Juni	16,8	4,6	10,7	12,9	14,4	6,6	10,5	11,6	15,2	6,6	10,9	12,1
Juli	20,9	7,7	14,3	17,1	18,8	9,8	14,3	15,8	19,6	9,7	14,7	16,2
August	16,1	7,0	11,5	12,5	13,7	7,9	10,8	11,3	14,5	7,9	11,2	11,6
September	12,4	5,2	8,8	9,5	10,2	5,9	8,1	8,6	10,9	5,8	8,4	8,9
October	3,3	− 2,1	0,6	1,0	1,8	− 1,4	0,2	0,6	2,3	− 1,5	0,4	0,6
November	5,7	− 0,9	2,4	3,1	4,0	0,1	2,1	2,3	4,8	0,2	2,5	2,6
December	0,5	− 4,4	− 2,0	− 1,4	− 0,4	− 3,5	− 1,9	− 1,7	0,1	− 3,4	− 1,7	− 1,6

Marienthal.

Januar	− 2,2	−11,6	− 6,9	− 5,8	− 2,8	−10,0	− 6,4	− 5,4	− 2,7	−10,1	− 6,4	− 5,5
Februar	3,0	− 4,6	− 0,8	0,0	2,5	− 3,5	− 0,5	− 0,1	2,8	− 3,5	− 0,3	− 0,1
März	6,4	− 2,5	2,0	3,2	6,3	− 1,5	2,4	3,3	6,2	− 1,4	2,4	3,3
April	11,2	− 1,3	5,0	7,4	11,3	− 0,3	5,5	7,6	10,9	0,2	5,5	7,3
Mai	19,7	3,3	11,5	15,5	18,6	5,8	12,2	15,2	18,4	5,8	12,1	15,0
Juni	20,8	8,1	14,5	17,2	17,9	10,1	14,0	15,5	18,0	9,8	13,9	15,7
Juli	25,4	10,9	18,2	21,8	22,4	13,0	17,7	19,6	22,8	12,7	17,8	19,9
August	21,1	10,2	15,7	17,5	18,5	11,6	15,1	15,9	18,8	11,3	15,0	16,0
September	17,6	7,5	12,5	14,0	15,0	9,3	12,2	12,8	15,4	9,1	12,2	12,9
October	8,2	1,4	4,8	5,5	7,0	2,2	4,6	5,0	7,3	2,4	4,8	5,2
November	10,1	2,8	6,5	7,1	8,9	3,0	5,9	6,2	9,3	3,1	6,2	6,5
December	3,3	− 1,0	1,1	1,6	2,8	− 1,0	0,9	1,4	3,3	− 0,7	1,3	1,6

Monate	Im Freien				Im Walde							
					1,5 Mtr. über der Erdoberfläche				in der Baumkrone			
	Mittel der Maxima-Temperaturen	Mittel der Minima-Temperaturen	Mittel aus Maxima- und Min.-Temp.	Mittel aus 2 mal täglichen Beobachtungen	Mittel der Maxima-Temperaturen	Mittel der Minima-Temperaturen	Mittel aus Maxima- und Min.-Temp.	Mittel aus 2 mal täglichen Beobachtungen	Mittel der Maxima-Temperaturen	Mittel der Minima-Temperaturen	Mittel aus Maxima- und Min.-Temp.	Mittel aus 2 mal täglichen Beobachtungen
Januar	— 1,3	— 7,2	— 4,3	— 4,2	— 1,3	— 6,9	— 4,1	— 3,9	— 1,2	— 6,4	— 3,8	— 3,8
Februar	— 0,7	— 4,9	— 2,8	— 2,6	— 0,6	— 4,7	— 2,6	— 2,4	— 0,9	— 4,7	— 2,8	— 2,6
März	2,8	— 3,8	— 0,5	0,0	2,8	— 3,7	— 0,5	0,3	2,3	— 3,5	— 0,6	0,3
April	9,5	— 1,1	4,2	6,0	9,7	— 1,4	4,1	6,5	8,3	— 0,6	3,9	6,0
Mai	16,0	4,6	10,3	12,3	15,6	4,6	10,1	12,5	15,6	5,2	10,4	12,6
Juni	19,9	8,0	13,9	16,1	17,2	8,4	12,8	15,0	19,5*	9,7*	14,6*	17,2*
Juli	21,6	11,3	16,5	18,0	19,0	11,7	15,3	16,8	20,0	11,8	15,9	17,7
August	19,3	9,7	14,5	15,9	17,0	10,2	13,6	14,9	17,9	10,1	14,0	15,5
September	15,4	9,6	12,5	13,1	14,0	10,0	12,0	12,6	14,5	10,0	12,2	12,5
October	8,6	3,6	6,1	6,3	8,1	4,0	6,1	6,3	8,3	3,9	6,1	6,1
November	7,8	3,6	5,7	5,9	7,8	3,5	5,7	6,1	7,7	3,6	5,6	5,7
December	3 5	0,9	2,2	2,2	3,6	0,9	2,2	2,4	3,8	1,0	2,4	2,1

Hadersleben.

Schoo.

Januar	− 0,7	− 8,5	− 4,6	− 4,1	− 1,2	− 7,6	− 4,4	− 4,4	− 1,3	− 7,6	− 4,4	− 4,3
Februar	2,2	− 2,7	− 0,2	0,0	1,7	− 2,6	− 0,4	− 0,3	1,7	− 2,5	− 0,4	− 0,3
März	5,4	− 2,0	1,7	2,9	4,8	− 1,8	1,5	2,3	5,0	− 1,8	1,6	2,6
April	10,8	0,3	5,5	7,8	10,3	0,5	5,4	6,8	10,5	0,5	5,5	7,5
Mai	16,8	5,2	11,0	13,4	16,4	5,5	10,9	12,9	16,6	5,6	11,1	13,3
Juni	19,2	8,6	13,9	16,2	18,8	8,9	13,8	15,6	18,8	8,8	13,8	15,9
Juli	23,1	11,5	17,3	19,5	22,1	11,8	17,0	18,9	22,5	11,6	17,0	19,3
August	19,7	10,4	15,1	16,8	18,3	10,7	14,5	15,7	18,7	10,4	14,5	16,0
September	17,4	8,4	12,9	14,5	16,0	9,0	12,5	13,5	16,3	8,9	12,6	13,9
October	9,2	3,2	6,2	7,4	8,8	3,4	6,1	6,5	8,8	3,2	6,0	6,7
November	9,2	3,3	6,2	6,9	9,0	3,7	6,4	6,5	9,0	3,6	6,3	6,6
December	3,5	− 0,4	1,5	2,2	3,5	0,0	1,8	1,8	3,3	− 0,2	1,5	1,8

Lahnhof.

Januar	− 3,5	−11,7	− 7,6	− 6,0	− 3,8	− 9,8	− 6,8	− 6,4	− 3,3	−10,2	− 6,7	− 5,9
Februar	2,4	− 5,0	− 1,3	− 0,1	2,0	− 4,0	− 1,0	0,1	2,4	− 4,5	− 1,0	− 0,1
März	5,4	− 3,6	0,9	2,0	5,2	− 2,6	1,3	1,8	5,2	− 2,9	1,1	2,2
April	8,8	− 1,7	3,5	5,1	8,7	− 0,9	3,9	4,8	8,3	− 1,2	3,5	4,8
Mai	15,9	4,3	10,1	12,1	15,7	5,3	10,5	11,7	15,2	5,3	10,3	11,8
Juni	18,2	6,9	12,6	15,7	16,7	8,4	12,6	13,4	17,1	8,1	12,6	14,0
Juli	22,4	10,6	16,5	19,7	20,7	12,0	16,3	17,1	20,9	11,7	16,3	17,7
August	17,6	8,9	13,2	14,7	15,5	9,7	12,6	13,2	15,9	9,4	12,7	13,5
September	14,5	6,7	10,6	11,5	12,3	7,6	10,0	10,3	12,7	7,3	10,0	10,6
October	5,1	− 0,8	2,1	3,0	4,3	0,4	2,4	2,7	4,4	− 0,1	2,2	2,8
November	7,5	1,6	4,6	5,2	6,9	2,3	4,6	4,8	7,0	2,2	4,6	5,0
December	1,1	− 4,3	− 1,6	− 0,7	0,6	− 3,1	− 1,3	− 0,8	0,9	− 3,4	− 1,3	− 0,8

| Monate | Im Freien | | | | Im Walde | | | | | | | |
| | Mittel der Maxima-Temperaturen | Mittel der Minima-Temperaturen | Mittel aus Maxima- und Min.-Temperaturen | Mittel aus 2 mal täglichen Beobachtungen | 1,5 Mtr. über der Erdoberfläche | | | | in der Baumkrone | | | |
					Mittel der Maxima-Temperaturen	Mittel der Minima-Temperaturen	Mittel aus Maxima- und Min.-Temp.	Mittel aus 2 mal täglichen Beobachtungen	Mittel der Maxima-Temperaturen	Mittel der Minima-Temperaturen	Mittel aus Maxima- und Min.-Temp,	Mittel aus 2 mal täglichen Beobachtungen
Januar	— 2,6	— 9,5	— 6,1	— 5,0	— 3,4	— 8,5	— 6,0	— 5,3	— 3,6	— 9,0	— 6,3	— 5,1
Februar	4,7	— 2,0	1,3	1,8	3,2	— 1,6	0,8	1,3	2,9	— 1,7	0,6	1,3
März	6,9	— 0,9	3,0	3,3	5,5	— 0,7	2,4	2,8	5,1	— 1,1	2,0	2,8
April	9,6	0,4	5,0	5,9	7,5	0,6	4,0	5,0	7,2	0,4	3,8	4,9
Mai	16,2	5,1	10,6	12,1	13,7	5,2	9,5	11,1	13,5	5,4	9,5	10,9
Juni	19,5	7,8	13,7	15,4	16,4	8,3	12,4	13,9	16,7	8,6	12,6	14,1
Juli	23,7	11,6	17,6	19,7	20,6	11,9	16,3	18,0	21,2	12,2	16,7	18,3
August	18,2	9,7	14,0	14,8	15,4	9,9	12.6	13,3	15,5	9,9	12,7	13,4
September	14,9	7,5	11,2	11,6	12,4	7,7	10,1	10,6	12,2	7,6	9,9	10,5
October	6,5	0,2	3,3	3,5	4,7	0,8	2,8	3,0	4,3	0,2	2,3	2,9
November	8,4	3,3	5,8	6,0	7,4	3,3	5,4	5,9	7,0	3,0	5,0	5,6
December	2,2	— 2,5	— 0,2	0,0	1,4	— 1,9	— 0,2	— 0,1	1,0	— 2,5	— 0,7	— 0,1

Hollerath.

St. Johann.

Januar	— 1,3	—11,6	— 6,4	— 6,0	— 3,6	— 9,8	— 6,7	— 6,0	— 3,2	— 9,3	— 6,3	— 5,6
Februar	6,8	— 4,6	1,1	1,9	4,0	— 3,2	0,4	1,3	5,0	— 3,0	1,0	1,9
März	8,5	— 1,9	3,3	4,5	6,4	— 1,3	2,5	3,7	6,9	— 1,2	2,9	4,0
April	11,0	— 0,2	5,4	6,4	8,1	0,2	4,2	5,6	8,7	0,2	4,4	5,8
Mai	15,8	3,3	9,5	10,6	13,2	4,5	8,8	9,6	14,2	5,0	9,6	10,3
Juni	20,3	6,6	13,4	14,3	15,1	8,2	11,7	12,3	17,3	8,5	12,9	13,4
Juli	24,9	9,2	17,1	18,2	19,3	11,5	15,4	15,8	21,6	11,7	16,7	17,2
August	21,2	9,6	15,4	14,9	16,9	10,7	13,8	13,6	18,6	10,8	14,7	14,4
September	15,8	5,9	10,8	9,7	11,4	6,5	9,0	9,1	12,9	6,4	9,7	9,5
October	5,8	— 1,0	2,4	3,3	3,9	— 0,3	1,8	2,7	4,4	— 0,3	2,1	3,0
November	9,0	0,6	4,8	5,3	7,0	1,2	4,1	4,8	7,6	1,6	4,6	5,4
December	1,8	— 4,4	— 1,3	— 1,0	0,3	— 3,6	— 1,7	— 0,9	1,3	— 3,3	— 1,0	— 0,5

Hagenau.

Januar	0,7	— 7,9	— 3,6	— 3,1	— 0,9	— 7,2	— 4,1	— 3,5	— 0,6	— 7,6	— 4,1	— 3,5
Februar	7,7	— 0,9	3,4	3,5	6,0	— 0,7	2,7	3,0	5,9	— 1,1	2,4	2,9
März	12,8	1,8	7,3	7,6	11,9	1,9	6,9	7,4	11,2	1,5	6,4	7,2
April	15,2	3,7	9,5	10,3	13,5	3,7	8,6	9,9	13,3	3,4	8,4	9,8
Mai	20,8	6,6	13,7	15,9	18,7	6,7	12,7	15,2	20,3	6,5	13,4	15,7
Juni	26,0	9,6	17,8	20,9	22,1	9,8	16,0	18,3	25,2	9,8	17,5	19,4
Juli	30,1	12,3	21,2	24,5	25,9	12,6	19,3	21,2	29,2	12,6	20,9	22,5
August	25,4	12,6	19,0	20,9	22,0	12,6	17,3	18,5	23,3	12,7	18,0	19,4
September	20,1	8,6	14,4	15,6	16,5	8,9	12,7	13,5	17,4	8,5	13,0	14,1
October	10,8	2,3	6,6	7,1	8,7	2,7	5,7	6,2	9,2	2,1	5,6	6,2
November	12,6	2,4	7,5	8,3	10,6	2,8	6,7	7,3	10,9	2,9	6,9	7,6
December	4,1	— 1,2	1,5	1,7	3,3	— 1,0	1,1	1,5	3,2	— 1,4	0,9	1,3

| Monate | Im Freien | | | | Im Walde | | | | | | | |
| | Mittel der Maxima-Temperaturen | Mittel der Minima-Temperaturen | Mittel aus Maxima- und Min.-Temperaturen | Mittel aus 2 mal täglichen Beobachtungen | 1,5 Mtr. über der Erdoberfläche | | | | in der Baumkrone | | | |
					Mittel der Maxima-Temperaturen	Mittel der Minima-Temperaturen	Mittel aus Maxima- und Min.-Temp.	Mittel aus 2 mal täglichen Beobachtungen	Mittel der Maxima-Temperaturen	Mittel der Minima-Temperaturen	Mittel aus Maxima- und Min.-Temp.	Mittel aus 2 mal täglichen Beobachtungen
Januar	— 0,5	— 7,8	— 4,1	— 2,6	— 1,5	— 7,5	— 4,5	— 3,4	— 0,9	— 7,3	— 4,1	— 3,1
Februar	6,2	— 1,2	2,5	3,4	5,7	— 0,7	2,5	3,4	6,6	— 0,8	2,9	3,6
März	9,6	0,6	5,1	6,7	9,8	1,0	5,4	6,9	10,3	0,9	5,6	7,1
April	12,4	2,5	7,5	9,4	12,8	3,1	8,0	9,7	13,3	2,8	8,1	9,9
Mai	18,3	6,7	12,5	14,6	16,6	7,5	12,0	14,2	17,8	6,9	12,3	14,7
Juni	22,3	8,9	15,6	18,8	19,1	10,4	14,7	16,9	21,1	9,7	15,4	18,2
Juli	26,2	12,5	19,4	22,9	23,2	13,7	18,5	20,7	25,1	12,9	19,0	22,1
August	21,5	11,7	16,6	18,6	18,8	12,6	15,7	17,0	20,5	11,7	16,1	17,8
September	17,2	7,9	12,5	14,1	14,1	9,0	11,5	12,6	15,8	8,1	11,9	13,2
October	8,5	1,5	5,0	6,1	6,9	2,4	4,7	5,6	7,8	1,6	4,7	5,7
November	11,2	4,2	7,7	8,8	10,1	4,4	7,2	8,3	10,8	4,3	7,6	8,6
December	3,0	— 2,0	0,5	1,2	2,2	— 1,6	0,3	1,0	2,6	— 1,8	0,4	1,1

Neumath.

Melkerei.

Januar	— 0,9	— 8,3	— 4,6	— 4,7	— 2,4	— 8,5	— 5,4	— 4,9	— 2,2	— 8,2	— 5,2	— 4,7
Februar	6,6	— 1,2	2,7	3,1	4,9	— 1,6	1,6	2,2	5,4	— 0,8	2,3	2,7
März	8,2	— 0,9	3,7	4,2	6,8	— 1,4	2,7	3,6	6,3	— 0,7	2,8	3,7
April	10,2	1,0	5,6	6,2	8,4	0,4	4,4	5,6	8,3	1,1	4,7	5,5
Mai	14,9	5,0	9,9	10,6	13,5	4,8	9,1	10,3	13,8	5,5	9,6	10,3
Juni	19,6	8,6	14,1	15,4	15,0	8,4	11,7	13,0	14,9	9,1	12,0	13,2
Juli	24,6	12,1	18,3	20,0	19,8	12,3	16,1	17,2	19,9	13,1	16,5	17,3
August	20,0	10,3	15,1	15,9	16,0	9,8	12,9	13,7	16,1	10,4	13,3	13,8
September	15,1	6,6	10,9	11,0	11,3	6,3	8,8	9,5	11,4	6,9	9,2	9,5
October	5,6	— 0,2	2,7	2,8	3,4	— 0,6	1,4	2,2	3,2	— 0,2	1,5	2,1
November	10,0	2,7	6,3	6,2	8,4	2,0	5,2	5,8	8,4	2,9	5,7	5,8
December	3,3	— 2,9	0,2	0,2	1,8	— 3,2	— 0,7	— 0,1	2,0	— 2,5	— 0,3	0,2

Tafel

Monatsmittel der Lufttemperatur, Morgen 8ʰ und Mittags 2ʰ

(Ein * bedeutet, dass die Beobachtungen

a) Mor

In St. Johann fanden die Beobachtungen im Winter (October bis April)

	Im Freien 1½ Mtr. hoch	Im Walde		Im Freien 1½ Mtr. hoch	Im Walde		Im Freien 1½ Mtr. hoch	Im
		1½ Mtr. hoch	Baumkrone		1½ Mtr. hoch	Baumkrone		1½ Mtr. hoch
	Januar			**Februar**			**März**	
Fritzen	— 8,3	— 8,3	— 8,2	— 4,6	— 4,6	— 4,5	— 1,9	— 2,1
Kurwien	—11,0	—10,4	—10,5	— 5,5	— 5,5	— 5,6	— 3,2	— 3,3
Carlsberg	—10,1	— 9,8	—10,0	— 5,2	— 5,5	— 4,9	— 2,3	— 3,2
Eberswalde	— 8,5	— 8,2	— 8,0	— 3,1	— 3,1	— 3,1	0,1	— 0,2
Friedrichsrode	— 9,1	— 8,6	— 8,2	— 2,8	— 2,6	— 2,4	0,3	0,0
Sonnenberg	— 8,4	— 7,9	— 8,2	— 4,3	— 4,0	— 3,9	— 1,7	— 2,3
Marienthal	— 7,6	— 6,7	— 6,9	— 2,0	— 1,8	— 1,9	1,6	1,9
Hadersleben	— 5,8	— 5,4	— 5,3	— 3,9	— 3,6	— 3,9	— 1,6	— 1,1
Schoo	— 5,7	— 5,6	— 5,6	— 1,4	— 1,5	— 1,5	1,5	1,1
Lahnhof	— 7,8	— 7,3	— 7,2	— 1,9	— 0,9	— 1,8	0,0	— 0,2
Hollerath	— 6,3	— 6,0	— 6,0	— 0,1	— 0,1	0,0	1,2	1,0
St. Johann	— 7,1	— 7,0	— 6,5	0,6	0,1	0,7	3,3	2,6
Hagenau	— 5,7	— 5,6	— 5,6	0,4	0,6	0,6	3,9	4,1
Neumath	— 4,1	— 5,1	— 4,8	1,0	1,2	1,4	4,5	4,4
Melkerei	— 6,3	— 6,0	— 5,8	1,3	0,7	1,3	2,1	2,1
	Juli			**August**			**September**	
Fritzen	18,5	16,9	17,1	16,8	15,1	15,5	13,0	11,7
Kurwien	18,2	17,7	17,7	14,7	14,2	14,4	10,9	10,2
Carlsberg	16,8	14,2	15,8	14,2	12,1	13,5	8,5	6,9
Eberswalde	19,5	18,1	18,3	15,7	14,5	14,7	10,9	10,2
Friedrichsrode	18,6	16,0	16,8	14,6	13,1	13,5	9,9	9,3
Sonnenberg	14,9	13,8	14,1	11,2	10,4	10,7	8,0	7,5
Marienthal	19,6	17,7	17,8	16,0	14,8	14,8	11,9	11,1
Hadersleben	16,2	15,4	16,4	14,2	13,7	14,4	11,7	11,7
Schoo	17,7	17,2	17,6	15,3	14,3	14,7	12,9	12,0
Lahnhof	17,7	15,0	15,6	13,0	11,8	12,0	9,4	8,9
Hollerath	17,2	15,8	16,3	12,9	12,0	12,1	9,7	9,2
St. Johann	16,5	14,1	15,4	13,8	12,4	13,2	8,8	8,0
Hagenau	21,2	17,8	19,1	18,4	15,9	16,9	12,9	11,1
Neumath	20,9	18,7	20,4	16,9	15,4	16,4	12,1	11,2
Melkerei	17,8	15,6	15,7	14,1	12,5	12,6	9,3	8,5

VI.

im Freien und im Walde in Graden der Centesimal-Scala.

nicht vollständig ausgeführt werden konnten.)

:gens 8ʰ.

um 9ʰ und im Sommer (Mai bis September) um 7ʰ Morgens statt.

| Walde | Im Freien | Im Walde | | Im Freien | Im Walde | | Im Freien | Im Walde | |
Baumkrone	$1\frac{1}{2}$ Mtr. hoch	$1\frac{1}{2}$ Mtr. hoch	Baumkrone	$1\frac{1}{2}$ Mtr. hoch	$1\frac{1}{2}$ Mtr. hoch	Baumkrone	$1\frac{1}{2}$ Mtr. hoch	$1\frac{1}{2}$ Mtr. hoch	Baumkrone
	April			**Mai**			**Juni**		
− 1,8	3,9	3,2	3,6	12,7	11,6	12,0	16,7	15,4	15,8
− 2,9	2,8	2,0	2,5	12,3	11,8	12,0	16,4	16,0	15,8
− 2,1	1,5	− 0,5	1,3	9,8	7,2	9,3	13,1	11,0	12,2
0,1	4,4	3,8	3,9	13,4	12,5	12,7	16,2	15,4	15,4
0,4	3,1	2,8	2,8	11,0	10,2	10,9	14,2	12,2	12,8
− 2,2	1,0	0,1	0,4	8,5	7,3	8,0	11,5	10,2	10,7
1,9	4,9	5,4	5,1	13,3	13,1	12,9	15,3	13,9	14,0
− 1,3	3,6	4,2	4,2	10,2	10,6	10,9	14,0	13,4	16,0*
1,3	6,0	4,3	5,4	12,0	11,3	11,7	15,1	14,2	14,5
0,1	2,5	2,2	2,4	10,0	9,4	9,7	14,2	11,6	12,3
1,1	3,8	3,3	3,2	10,3	9,7	9,3	13,7	12,3	12,5
3,0	5,1	4,2	4,5	9,3	8,3	9,2	13,0	10,7	11,9
4,3	7,1	7,4	7,4	13,0	12,7	13,6	18,0	15,5	16,6
4,8	7,6	7,8	8,3	13,0	12,5	13,3	17,5	15,4	17,2
2,0	4,8	4,3	4,4	9,6	9,2	9,2	14,0	12,1	12,4
	October			**November**			**December**		
12,0	4,1	3,8	3,9	2,7	2,5	2,5	− 0,9	− 0,7	− 0,8
10,6	2,8	2,5	2,7	1,4	1,4	1,5	− 2,3	− 2,3	− 2,4
8,5	0,7	0,7	0,8	0,3	− 0,2	0,3	− 3,3	− 3,3	− 3,3
10,5	4,3	4,1	4,1	3,8	3,8	4,0	0,2	0,3	0,1
9,5	2,8	2,4	2,4	3,9	3,5	4,0	− 0,9	− 0,9	− 0,7
7,7	0,1	0,0	0,0	1,7	1,6	1,8	− 2,2	− 2,1	− 2,1
11,1	4,0	3,7	3,7	5,6	5,0	5,1	0,9	0,8	1,0
11,7	5,0	5,3	5,0	4,8	5,0	4,6	1,7	2,0	1,6
12,4	6,2	5,3	5,4	5,6	5,3	5,3	1,4	1,2	1,1
9,1	1,7	1,7	1,7	3,8	3,8	3,9	− 1,5	− 1,4	− 1,4
9,2	2,2	2,0	1,8	4,7	4,7	4,7	− 0,7	− 0,5	− 0,5
8,4	2,6	2,1	2,3	4,2	3,7	4,3	− 1,7	− 1,7	− 1,2
11,4	4,7	3,9	3,8	5,2	4,5	4,8	0,2	0,3	0,0
11,8	4,7	4,4	4,6	7,4	6,9	7,3	0,1	0,1	0,2
8,5	1,5	1,4	1,3	4,3	4,4	4,5	− 1,3	− 1,0	− 0,6

b) Mit-

In St. Johann fanden die Beobachtungen im Winter (October bis April)

	Im Freien 1½ Mtr. hoch	Im Walde		Im Freien 1½ Mtr. hoch	Im Walde		Im Freien 1½ Mtr. hoch	Im
		1½ Mtr hoch.	Baumkrone		1½ Mtr. hoch	Baumkrone		1½ Mtr. hoch
	Januar			Februar			März	
Fritzen	− 6,3	− 6,7	− 6,7	− 1,6	− 2,0	− 1,9	0,6	0,0
Kurwien	− 6,2	− 6,3	− 6,8	− 1,4	− 1,8	− 1,9	2,0	1,4
Carlsberg	− 6,7	− 7,2	− 7,0	− 1,4	− 2,2	− 1,2	0,4	− 0,5
Eberswalde	− 3,1	− 5,0	− 4,3	0,7	− 0,1	0,2	4,6	3,9
Friedrichsrode	− 4,1	− 4,4	− 4,0	1,7	1,2	1,4	4,2	4,3
Sonnenberg	− 5,0	− 6,5	− 5,9	0,5	− 1,6	− 0,6	1,6	0,2
Marienthal	− 3,9	− 4,1	− 4,1	2,0	1,5	1,6	4,7	4,8
Hadersleben	− 2,6	− 2,4	− 2,3	− 1,3	− 1,1	− 1,2	1,7	1,8
Schoo	− 2,6	− 3,1	− 3,0	1,5	0,9	1,0	4,2	3,5
Lahnhof	− 4,3	− 5,5	− 4,5	1,8	1,0	1,6	3,9	3,8
Hollerath	− 3,6	− 4,5	− 4,3	3,7	2,7	2,6	5,5	4,5
St. Johann	− 5,0	− 4,9	− 4,6	3,2	2,5	3,1	5,7	4,9
Hagenau	− 0,5	− 1,4	− 1,5	6,5	5,4	5,2	11,3	10,6
Neumath	− 1,1	− 1,7	− 1,5	5,7	5,6	5,8	8,9	9,4
Melkerei	− 3,1	− 3,8	− 3,6	5,0	3,6	4,1	6,3	5,2
	Juli			August			September	
Fritzen	20,5	19,0	19,2	19,0	17,3	17,7	15,5	14,1
Kurwien	22,4	21,8	21,5	20,0	19,0	18,8	16,9	16,0
Carlsberg	20,0	18,6	20,0	17,4	15,9	17,3	12,1	10,5
Eberswalde	24,0	22,8	22,7	20,6	19,3	19,2	16,9	15,7
Friedrichsrode	22,6	20,3	21,1	17,7	16,1	16,4	14,3	12,2
Sonnenberg	19,3	17,8	18,3	13,7	12,3	12,6	11,0	9,7
Marienthal	23,9	21,6	22,0	18,9	17,0	17,3	16,2	14,4
Hadersleben	19,9	18,2	18,9	17,7	16,1	16,7	14,4	13,6
Schoo	21,3	20,6	21,0	18,3	17,0	17,3	16,1	15,0
Lahnhof	21,7	19,3	19,9	16,5	14,5	15,0	13,6	11,6
Hollerath	22,2	20,2	20,4	16,7	14,6	14,7	13,5	11,9
St. Johann	20,0	17,4	18,9	16,0	14,8	15,7	10,6	10,2
Hagenau	27,8	24,7	25,9	23,4	21,0	21,9	18,4	15,9
Neumath	24,9	22,7	23,8	20,2	18,5	19,2	16,2	14,0
Melkerei	22,2	18,8	18,9	17,7	14,9	15,0	12,8	10,5

tags 2ʰ

um 4ʰ und im Sommer (Mai bis September) um 6ʰ Nachmittags statt.

| Walde | Im Freien | Im Walde | | Im Freien | Im Walde | | Im Freien | Im Walde | |
Baumkrone	1½ Mtr. hoch	1½ Mtr. hoch	Baumkrone	1½ Mtr. hoch	1½ Mtr. hoch	Baumkrone	1½ Mtr. hoch	1½ Mtr. hoch	Baumkrone
		April			**Mai**			**Juni**	
0,2	7,2	6,3	6,5	14,7	13,8	13,9	18,2	17,2	17,6
1,4	9,6	8,7	9,0	18,1	17,6	17,1	20,6	19,9	19,6
0,6	4,7	3,5	4,7	13,0	11,8	13,1	15,6	14,7	15,7
3,9	10,3	9,6	9,1	18,9	18,3	18,0	20,4	19,6	19,3
4,2	7,4	7,9	7,3	15,9	15,4	15,2	17,9	15,5	16,3
0,6	4,2	2,6	3,2	11,8	10,3	11,0	14,3	13,0	13,5
4,7	9,9	9,7	9,5	17,7	17,2	17,1	19,1	17,0	17,3
1,9	8,4	8,8	7,9	14,4	14,4	14,3	18,1	16,6	18,4*
3,9	9,6	9,4	9,6	14,8	14,6	14,9	17,2	16,9	17,3
4,3	7,7	7,4	7,2	14,1	14,0	14,0	17,3	15,1	15,7
4,4	7,9	6,7	6,6	14,0	12,6	12,4	17,2	15,5	15,7
5,1	7,8	7,1	7,2	11,8	10,9	11,4	15,5	13,8	14,9
10,2	13,5	12,5	12,1	18,9	17,7	17,8	23,8	21,1	22,2
9,4	11,2	11,7	11,6	16,3	15,8	16,2	20,1	18,5	19,3
5,4	7,6	6,9	6,5	11,5	11,4	11,3	16,8	13,9	14,0
		October			**November**			**December**	
14,4	6,9	6,3	6,4	4,7	4,4	4,5	0,4	0,4	0,3
15,8	7,8	7,1	7,0	4,6	4,2	4,2	— 0,6	— 0,8	— 0,8
12,0	2,6	2,2	2,5	2,2	1,4	1,9	— 1,7	— 2,1	— 2,0
15,6	8,3	7,4	7,5	7,5	6,9	7,0	1,9	1,5	1,5
12,8	4,7	4,1	4,2	6,7	6,2	6,5	0,5	0,5	0,5
10,1	1,8	1,2	1,3	4,4	3,1	3,5	— 0,7	— 1,3	— 1,1
14,7	7,0	6,4	6,6	8,7	7,5	8,0	2,2	2,0	2,2
13,3	7,7	7,4	7,2	7,1	7,1	6,7	2,6	2,8	2,5
15,4	8,5	7,7	7,9	8,2	7,7	7,9	3,1	2,5	2,5
12,1	4,3	3,7	3,8	6,6	5,8	6,1	0,1	— 0,3	— 0,2
11,9	4,9	4,1	3,9	7,3	7,1	6,6	0,7	0,8	0,3
10,6	3,9	3,4	3,6	6,4	6,0	6,5	— 0,4	— 0,2	0,2
16,7	9,5	8,4	8,6	11,5	10,0	10,3	3,2	2,7	2,7
14,6	7,5	6,8	6,9	10,2	9,7	9,9	2,3	1,9	2,0
10,6	4,1	2,9	2,8	8,2	7,3	7,2	1,7	0,8	1,0

Tafel

Jahresmittel der um 8ʰ Morgens und um 2ʰ Mittags beobachteten Lufttemperatur, der
der Cente-

(Ein * bedeutet, das die Beobachtungen nicht vollständig ausgeführt werden konnten. Welch
In St. Johann fanden die Beobachtungen im Winter (October bis April) um 9ʰ Morgens und

| | Im Freien | | | Im Walde | | | | |
| | | | | 1,5 Mtr. hoch | | | in der Baum- | |
	8ʰ Morgens	2ʰ Mittags	Mittel aus beiden	8ʰ Morgens	2ʰ Mittags	Mittel aus beiden	8ʰ Morgens	2ʰ Mittags
Fritzen	6,1	8,3	7,2	5,4	7,5	6,4	5,6	7,7
Kurwien	4,8	9,5	7,1	4,5	8,9	6,7	4,7	8,7
Carlsberg	3,7	6,5	5,1	2,5	5,6	4,0	3,5	6,5
Eberswalde	6,4	10,9	8,7	5,9	10,0	8,0	6,1	10,0
Friedrichsrode	5,5	9,1	7,3	4,8	8,3	6,5	5,2	8,5
Sonnenberg	3,4	6,4	4,9	2,9	5,1	4,0	3,1	5,5
Marienthal	7,0	10,5	8,8	6,6	9,6	8,1	6,6	9,7
Hadersleben	5,8	9,0	7,4	5,9	8,6	7,3	6,2*	8,7*
Schoo	7,2	10,0	8,6	6,6	9,4	8,0	6,9	9,6
Lahnhof	5,1	8,6	6,9	4,6	7,5	6,1	4,7	7,9
Hollerath	5,7	9,2	7,4	5,3	8,0	6,6	5,3	7,9
St. Johann	—	—	6,9	—	—	6,0	—	—
Hagenau	8,3	13,9	11,1	7,4	12,4	9,9	7,7	12,7
Neumath	8,5	11,9	10,2	7,7	11,1	9,4	8,4	11,4
Melkerei	5,9	9,2	7,6	5,3	7,7	6,5	5,5	7,8

VII.

Maxima- und Minima-Temperaturen und der aus ihnen berechneten Mittel in Graden simal-Scala.

Lücken dabei vorhanden waren, ist aus den Vorbemerkungen S. 5 und aus Taf. V und VI ersichtlich).

4ʰ Nachmittags und im Sommer (Mai bis September) um 7ʰ Morgens und 6ʰ Nachmittags statt.

Jahresmittel

| krone | Im Freien | | | Im Walde | | | | | | |
| | | | | 1,5 Mtr. hoch | | | in der Baumkrone | | |
Mittel aus beiden	Mittel der Max.-Temp.	Mittel der Min.-Temp.	Mittel aus Max.- u. Min. Temp.	Mittel der Max.-Temp.	Mittel der Min.-Temp.	Mittel aus Max.- u. Min. Temp.	Mittel der Max.-Temp.	Mittel der Min.-Temp.	Mittel aus Max.- u. Min. Temp.
6,6	9,8	1,6	5,7	8,5	1,7	5,1	8,8	2,0	5,4
6,7	10,9	— 1,1	4,9	10,0	0,4	5,2	9,9	0,6	5,2
5,0	8,3	— 1,5	3,4	6,7	— 1,4	2,7	7,8	—0,8	3,5
8,0	12,1	2,6	7,3	11,2	3,2	7,2	11,1	3,2	7,1
6,8	10,8	1,3	6,1	9,3	1,9	5,6	9,6	2,0	5,8
4,3	8,0	— 1,1	3,4	5,9	0,3	3,1	6,7	0,2	3,5
8,2	12,1	1,9	7,0	10,7	3,2	7,0	10,9	3,2	7,0
7,4*	10,2	2,9	6,5	9,4	3,1	6,2	9,7*	3,3*	6,5*
8,3	11,3	3,1	7,2	10,7	3,5	7,1	10,8	3,4	7,1
6,3	9,6	1,0	5,3	8,7	2,1	5,4	8,9	1,8	5,4
6,6	10,7	2,6	6,6	8,7	2,9	5,8	8,6	2,8	5,7
6,6	11,6	1,0	6,3	8,5	2,1	5,3	9,6	2,3	5,9
10,2	15,5	4,2	9,9	13,2	4,4	8,8	14,0	4,2	9,1
9,9	13,0	3,8	8,4	11,5	4,5	8,0	12,6	4,1	8,3
6,6	11,4	2,7	7,1	8,9	2,4	5,7	9,0	3,1	6,0

1881.

Tafel

Unterschiede zwischen den Monatsmitteln der Maxima-, Minima- und der aus ihnen
krone und denselben Grössen auf freiem

(Ein * bedeutet, dass die Beobachtungen nicht vollständig ausgeführt werden konnten. Welche

a) Maxima-

	Im Freien und im Walde 1,5 Mtr. hoch.	Im Freien und im Walde in der Baumkrone	Im Walde 1,5 Mtr. hoch und in der Baumkrone	Im Freien und im Walde 1,5 Mtr. hoch	Im Freien und im Walde in der Baumkrone	Im Walde 1,5 Mtr. hoch und in der Baumkrone	Im Freien und im Walde 1,5 Mtr. hoch	Im Freien und im Walde in der Baumkrone
	Januar			**Februar**			**März**	
Fritzen	— 0,2	— 0,3	— 0,1	— 0,5	— 0,8	— 0,3	— 1,0	— 0,8
Kurwien	0,0	— 0,6	— 0,6	— 0,3	— 0,7	— 0,4	— 1,0	— 1,1
Carlsberg	— 1,2	— 0,4	0,8	— 1,7	— 0,5	1,2	— 1,4	— 0,3
Eberswalde	— 0,8	— 0,5	0,3	— 0,5	— 0,3	0,2	— 0,5	— 0,6
Friedrichsrode	0,1	0,0	— 0,1	— 0,2	— 0,2	0,0	0,4	0,1
Sonnenberg	— 2,0	— 1,1	0,9	— 2,8	— 1,5	1,3	— 1,9	— 1,2
Marienthal	— 0,6	— 0,5	0,1	— 0,5	— 0,2	0,3	— 0,1	— 0,2
Hadersleben	0,0	0,1	0,1	0,1	— 0,2	— 0,3	0,0	— 0,5
Schoo	— 0,5	— 0,6	— 0,1	— 0,5	— 0,5	0,0	— 0,6	— 0,4
Lahnhof	— 0,3	0,2	0,5	— 0,4	0,0	0,4	— 0,2	— 0,2
Hollerath	— 0,8	— 1,0	— 0,2	— 1,5	— 1,8	— 0,3	— 1,4	— 1,8
St. Johann	— 2,3	— 1,9	0,4	— 2,8	— 1,8	1,0	— 2,1	— 1,6
Hagenau	— 1,6	— 1,3	0,3	— 1,7	— 1,8	— 0,1	— 0,9	— 1,6
Neumath	— 1,0	— 0,4	0,6	— 0,5	0,4	0,9	0,2	0,7
Melkerei	— 1,5	— 1,3	0,2	— 1,7	— 1,2	0,5	— 1,4	— 1,9
	Juli			**August**			**September**	
Fritzen	— 2,2	— 1,8	0,4	— 2,3	— 1,8	0,5	— 2,5	— 2,0
Kurwien	— 1,4	— 0,9	0,5	— 1,5	— 1,6	— 0,1	— 1,6	— 1,9
Carlsberg	— 1,9	— 0,5	1,4	— 2,3	— 0,6	1,7	— 2,5	— 0,9
Eberswalde	— 1,4	— 1,4	0,0	— 1,4	— 1,5	— 0,1	— 1,7	— 1,8
Friedrichsrode	— 4,5	— 3,1	1,4	— 3,3	— 2,2	1,1	— 2,6	— 1,7
Sonnenberg	— 2,1	— 1,3	0,8	— 2,4	— 1,6	0,8	— 2,2	— 1,5
Marienthal	— 3,0	— 2,6	0,4	— 2,6	— 2,3	0,3	— 2,6	— 2,2
Hadersleben	— 2,6	— 1,6	1,0	— 2,3	— 1,4	0,9	— 1,4	— 0,9
Schoo	— 1,0	— 0,6	0,4	— 1,4	— 1,0	0,4	— 1,4	— 1,1
Lahnhof	— 1,7	— 1,5	0,2	— 2,1	— 1,7	0,4	— 2,2	— 1,8
Hollerath	— 3,1	— 2,5	0,6	— 2,8	— 2,7	0,1	— 2,5	— 2,7
St. Johann	— 5,6	— 3,3	2,3	— 4,3	— 2,6	1,7	— 4,4	— 2,9
Hagenau	— 4,2	— 0,9	3,3	— 3,4	— 2,1	1,3	— 3,6	— 2,7
Neumath	— 3,0	— 1,1	1,9	— 2,7	— 1,0	1,7	— 3,1	— 1,4
Melkerei	— 4,8	— 4,7	0,1	— 4,0	— 3,9	0,1	— 3,8	— 3,7

Anm. Das Zeichen $+$ bedeutet, dass der zweite Werth grösser, das Zeichen $—$, dass der zweite

VIII.

berechneten Mitteltemperaturen der Luft im Walde 1,5 Mtr. hoch und in der Baum-Felde in Graden der Centesimal-Scala.

Lücken dabei vorhanden waren, ist aus den Vorbemerkungen S. 5 und aus Taf. V u. VI ersichtlich.

Temperaturen.

| Im Walde 1,5 Mtr. hoch und in der Baumkrone | April | | | Mai | | | Juni | | |
	Im Freien und im Walde 1,5 Mtr. hoch	Im Freien und im Walde in der Baumkrone	Im Walde 1,5 Mtr. hoch und in der Baumkrone	Im Freien und im Walde 1,5 Mtr. hoch	Im Freien und im Walde in der Baumkrone	Im Walde 1,5 Mtr. hoch und in der Baumkrone	Im Freien und im Walde 1,5 Mtr. hoch	Im Freien und im Walde in der Baumkrone	Im Walde 1,5 Mtr. hoch und in der Baumkrone
0,2	— 1,9	— 1,5	0,4	— 1,3	— 0,9	0,4	— 1,7	— 1,2	0,5
— 0,1	— 1,4	— 1,0	0,4	— 0,8	— 0,9	— 0,1	— 1,1	— 0,8	0,3
1,1	— 2,1	— 0,7	1,4	— 1,7	— 0,3	1,4	— 1,5	— 0,6	0,9
— 0,1	— 0,5	— 1,3	— 0,8	— 0,9	— 1,3	— 0,4	— 1,3	— 1,6	— 0,3
— 0,3	0,4	— 0,1	— 0,5	— 2,0	— 1,8	0,2	— 4,5	— 3,2	1,3
0,7	— 2,7	— 2,0	0,7	— 2,4	— 1,5	0,9	— 2,4	— 1,6	0,8
— 0,1	0,1	— 0,3	— 0,4	— 1,1	— 1,3	— 0,2	— 2,9	— 2,8	0,1
— 0,5	0,2	— 1,2	— 1,4	— 0,4	— 0,4	0,0	— 2,7	— 0,4*	2,3*
0,2	— 0,5	— 0,3	0,2	— 0,4	— 0,2	0,2	— 0,4	— 0,4	0,0
0,0	— 0,1	— 0,5	— 0,4	— 0,2	— 0,7	— 0,5	— 1,5	— 1,1	0,4
— 0,4	— 2,1	— 2,4	— 0,3	— 2,5	— 2,7	— 0,2	— 3,1	— 2,8	0,3
0,5	— 2,9	— 2,3	0,6	— 2,6	— 1,6	1,0	— 5,2	— 3,0	2,2
— 0,7	— 1,7	— 1,9	— 0,2	— 2,1	— 0,5	1,6	— 3,9	— 0,8	3,1
0,5	0,4	0,9	0,5	— 1,7	— 0,5	1,2	— 3,2	— 1,2	2,0
— 0,5	— 1,8	— 1,9	— 0,1	— 1,4	— 1,1	0,3	— 4,6	— 4,7	— 0,1

| Im Walde 1,5 Mtr. hoch und in der Baumkrone | October | | | November | | | December | | |
	Im Freien und im Walde 1,5 Mtr. hoch	Im Freien und im Walde in der Baumkrone	Im Walde 1,5 Mtr. hoch und in der Baumkrone	Im Freien und im Walde 1,5 Mtr. hoch	Im Freien und im Walde in der Baumkrone	Im Walde 1,5 Mtr. hoch und in der Baumkrone	Im Freien und im Walde 1,5 Mtr. hoch	Im Freien und im Walde in der Baumkrone	Im Walde 1,5 Mtr. hoch und in der Baumkrone
0,5	— 1,3	— 1,0	0,3	— 0,7	— 0,3	0,4	— 0,4	— 0,1	0,3
— 0,3	— 1,1	— 1,5	— 0,4	— 0,6	— 0,7	— 0,1	— 0,2	— 0,4	— 0,2
1,6	— 0,9	— 0,5	0,4	— 1,4	— 0,7	0,7	— 0,9	— 0,4	0,5
— 0,1	— 0,8	— 1,1	— 0,3	— 0,3	— 0,5	— 0,2	— 0,2	— 0,5	— 0,3
0,9	— 0,9	— 0,7	0,2	— 0,6	— 0,4	0,2	— 0,2	— 0,1	0,1
0,7	— 1,5	— 1,0	0,5	— 1,7	— 0,9	0,8	— 0,9	— 0,4	0,5
0,4	— 1,2	— 0,9	0,3	— 1,2	— 0,8	0,4	— 0,5	0,0	0,5
0,5	— 0,5	— 0,3	0,2	0,0	— 0,1	— 0,1	0,1	0,3	0,2
0,3	— 0,4	— 0,4	0,0	— 0,2	— 0,2	0,0	0,0	— 0,2	— 0,2
0,4	— 0,8	— 0,7	0,1	— 0,6	— 0,5	0,1	— 0,5	— 0,2	0,3
— 0,2	— 1,8	— 2,2	— 0,4	— 1,0	— 1,4	— 0,4	— 0,8	— 1,2	— 0,4
1,5	— 1,9	— 1,4	0,5	— 2,0	— 1,4	0,6	— 1,5	— 0,5	1,0
0,9	— 2,1	— 1,6	0,5	— 2,0	— 1,7	0,3	— 0,8	— 0,9	— 0,1
1,7	— 1,6	— 0,7	0,9	— 1,1	— 0,4	0,7	— 0,8	— 0,4	0,4
0,1	— 2,2	— 2,4	— 0,2	— 1,6	— 1,6	0,0	— 1,5	— 1,3	0,2

Werth kleiner als der erste Werth war.

b) Minima-

	Im Freien und im Walde 1,5 Mtr. hoch	Im Freien und im Walde in der Baumkrone	Im Walde 1,5 Mtr. hoch und in der Baumkrone	Im Freien und im Walde 1,5 Mtr. hoch	Im Freien und im Walde in der Baumkrone	Im Walde 1,5 Mtr. hoch und in der Baumkrone	Im Freien und im Walde 1,5 Mtr. hoch	Im Freien und im Walde in der Baumkrone
	Januar			Februar			März	
Fritzen	0,6	0,3	— 0,3	— 0,1	— 0,1	0,0	0,3	0,6
Kurwien	1,4	1,6	0,2	1,5	1,2	— 0,3	1,5	1,4
Carlsberg	1,0	1,6	0,6	0,7	1,3	0,6	0,3	0,7
Eberswalde	— 0,1	0,1	0,2	0,2	0,2	0,0	0,4	0,5
Friedrichsrode	0,7	0,9	. 0,2	0,4	0,4	0,0	0,3	0,4
Sonnenberg	2,5	2,2	— 0,3	1,8	1,5	— 0,3	1,3	1,1
Marienthal	1,6	1,5	— 0,1	1,1	1,1	0,0	1,0	1,1
Hadersleben	0,3	0,8	0,5	0,2	0,2	0,0	0,1	0,3
Schoo	0,9	0,9	0,0	0,1	0,2	0,1	0,2	0,2
Lahnhof	1,9	1,5	— 0,4	1,0	0,5	— 0,5	1,0	0,7
Hollerath	1,0	0,5	— 0,5	0,4	0,3	— 0,1	0,2	— 0,2
St. Johann	1,8	2,3	0,5	1,4	1,6	0,2	0,6	0,7
Hagenau	0,7	0,3	— 0,4	0,2	— 0,2	— 0,4	0,1	— 0,3
Neumath	0,3	0,5	0,2	0,5	0,4	— 0,1	0,4	0,3
Melkerei	— 0,2	0,1	0,3	— 0,4	0,4	0,8	— 0,5	0,2
	Juli			August			September	
Fritzen	0,3	0,8	0,5	— 0,1	0,2	0,3	0,1	0,4
Kurwien	1,3	2,1	0,8	1,6	2,3	0,7	1,5	1,8
Carlsberg	— 0,3	0,6	0,9	— 0,4	0,4	0,8	— 0,2	0,5
Eberswalde	1,0	1,1	0,1	0,9	0,8	— 0,1	1,0	0,9
Friedrichsrode	1,4	1,4	0,0	1,5	1,3	— 0,2	1,5	1,2
Sonnenberg	2,1	2,0	— 0,1	0,9	0,9	0,0	0,7	0,6
Marienthal	2,1	1,8	— 0,3	1,4	1,1	— 0,3	1,8	1,6
Hadersleben	0,4	0,5	0,1	0,5	0,4	— 0,1	0,4	0,4
Schoo	0,3	0,1	— 0,2	0,3	0,0	— 0,3	0,6	0,5
Lahnhof	1,4	1,1	— 0,3	0,8	0,5	— 0,3	0,9	0,6
Hollerath	0,3	0,6	0,3	0,2	0,2	0,0	0,2	0,1
St. Johann	2,3	2,5	0,2	1,1	1,2	0,1	0,6	0,5
Hagenau	0,3	0,3	0,0	0,0	0,1	0,1	0,3	— 0,1
Neumath	1,2	0,4	— 0,8	0,9	0,0	— 0,9	1,1	0,2
Melkerei	0,2	1,0	0,8	— 0,5	0,1	0,6	— 0,3	0,3

Anm. Das Zeichen $+$ bedeutet, dass der zweite Werth grösser, das Zeichen —, dass der zweite

Temperaturen.

Im Walde 1,5 Mtr. hoch und in der Baumkrone	Im Freien und im Walde 1,5 Mtr. hoch	Im Freien und im Walde in der Baumkrone	Im Walde 1,5 Mtr. hoch und in der Baumkrone	Im Freien und im Walde 1,5 Mtr. hoch	Im Freien und im Walde in der Baumkrone	Im Walde 1,5 Mtr. hoch und in der Baumkrone	Im Freien und im Walde 1,5 Mtr. hoch	Im Freien und im Walde in der Baumkrone	Im Walde 1,5 Mtr. hoch und in der Baumkrone
	April			Mai			Juni		
0,3	0,6	1,1	0,5	0,2	0,6	0,4	0,2	0,5	0,3
— 0,1	2,1	2,3	0,2	1,5	2,3	0,8	1,3	1,9	0,6
0,4	0,3	0,8	0,5	— 0,2	0,7	0,9	— 0,1	0,6	0,7
0,1	0,6	0,7	0,1	0,9	1,1	0,2	0,8	0,8	0,0
0,1	— 0,1	0,2	0,3	0,5	0,9	0,4	1,1	1,1	0,0
— 0,2	1,2	1,1	— 0,1	2,0	2,1	0,1	2,0	2,0	0,0
0,1	1,0	1,5	0,5	2,5	2,5	0,0	2,0	1,7	— 0,3
0,2	— 0,3	0,5	0,8	0,0	0,6	0,6	0,4	1,7	1,3
0,0	0,2	0,2	0,0	0,3	0,4	0,1	0,3	0,2	— 0,1
— 0,3	0,8	0,5	— 0,3	1,0	1,0	0,0	1,5	1,2	— 0,3
— 0,4	0,2	0,0	— 0,2	0,1	0,3	0,2	0,5	0,8	0,3
0,1	0,4	0,4	0,0	1,2	1,7	0,5	1,6	1,9	0,3
— 0,4	0,0	— 0,3	— 0,3	0,1	— 0,1	— 0,2	0,2	0,2	0,0
— 0,1	0,6	0,3	— 0,3	0,8	0,2	— 0,6	1,5	0,8	— 0,7
0,7	— 0,6	0,1	0,7	— 0,2	0,5	0,7	— 0,2	0,5	0,7

Im Walde 1,5 Mtr. hoch und in der Baumkrone	Im Freien und im Walde 1,5 Mtr. hoch	Im Freien und im Walde in der Baumkrone	Im Walde 1,5 Mtr. hoch und in der Baumkrone	Im Freien und im Walde 1,5 Mtr. hoch	Im Freien und im Walde in der Baumkrone	Im Walde 1,5 Mtr. hoch und in der Baumkrone	Im Freien und im Walde 1,5 Mtr. hoch	Im Freien und im Walde in der Baumkrone	Im Walde 1,5 Mtr. hoch und in der Baumkrone
	October			November			December		
0,3	— 0,2	0,0	0,2	0,1	0,4	0,3	0,0	0,2	0,2
0,3	1,4	1,4	0,0	1,1	1,0	— 0,1	1,2	0,9	— 0,3
0,7	0,0	0,5	0,5	0,2	0,6	0,4	0,6	0,8	0,2
— 0,1	0,6	0,4	— 0,2	0,4	0,5	0,1	0,4	0,4	0,0
— 0,3	0,2	0,0	— 0,2	— 0,4	— 0,2	0,2	0,0	0,0	0,0
— 0,1	0,7	0,6	— 0,1	1,0	1,1	0,1	0,9	1,0	0,1
— 0,2	0,8	1,0	0,2	0,2	0,3	0,1	0,0	0,3	0,3
0,0	0,4	0,3	— 0,1	— 0,1	0,0	0,1	0,0	0,1	0,1
— 0,1	0,2	0,0	— 0,2	0,4	0,3	— 0,1	0,4	0,2	— 0,2
— 0,3	1,2	0,7	— 0,5	0,7	0,6	— 0,1	1,2	0,9	— 0,3
— 0,1	0,6	0,0	— 0,6	0,0	— 0,3	— 0,3	0,6	0,0	— 0,6
— 0,1	0,7	0,7	0,0	0,6	1,0	0,4	0,8	1,1	0,3
— 0,4	0,4	— 0,2	— 0,6	0,4	0,5	0,1	0,2	— 0,2	— 0,4
— 0,9	0,9	0,1	— 0,8	0,2	0,1	— 0,1	0,4	0,2	— 0,2
0,6	— 0,4	0,0	0,4	— 0,7	0,2	0,9	— 0,3	0,4	0,7

Werth kleiner als der erste Werth war.

c) Mittel aus Maximum-

	Januar			Februar			März	
	Im Freien und im Walde 1,5 Mtr. hoch	Im Freien und im Walde in der Baumkrone	Im Walde 1,5 Mtr. hoch und in der Baumkrone	Im Freien und im Walde 1,5 Mtr. hoch	Im Freien und im Walde in der Baumkrone	Im Walde 1,5 Mtr. hoch und in der Baumkrone	Im Freien und im Walde 1,5 Mtr. hoch	Im Freien und im Walde in der Baumkrone
Fritzen	0,2	0,0	— 0,2	— 0,2	— 0,4	— 0,2	— 0,3	— 0,1
Kurwien	0,7	0,5	— 0,2	0,6	0,2	— 0,4	0,2	0,1
Carlsberg	— 0,2	0,5	0,7	— 0,4	0,5	0,9	— 0,5	0,2
Eberswalde	— 0,4	— 0,2	0,2	— 0,1	0,0	0,1	— 0,1	— 0,1
Friedrichsrode	0,4	0,5	0,1	0,0	0,0	0,0	0,4	0,3
Sonnenberg	0,3	0,5	0,2	— 0,6	0,0	0,6	— 0,3	— 0,1
Marienthal	0,5	0,5	0,0	0,3	0,5	0,2	0,4	0,4
Hadersleben	0,2	0,5	0,3	0,2	0,0	— 0,2	0,0	— 0,1
Schoo	0,2	0,2	0,0	— 0,2	— 0,2	0,0	— 0,2	— 0,1
Lahnhof	0,8	0,9	0,1	0,3	0,3	0,0	0,4	0,2
Hollerath	0,1	— 0,2	— 0,3	— 0,5	— 0,7	— 0,2	— 0,6	— 1,0
St. Johann	— 0,3	0,1	0,4	— 0,7	— 0,1	0,6	— 0,8	— 0,4
Hagenau	— 0,5	— 0,5	0,0	— 0,7	— 1,0	— 0,3	— 0,4	— 0,9
Neumath	— 0,4	0,0	0,4	0,0	0,4	0,4	0,3	0,5
Melkerei	— 0,8	— 0,6	0,2	— 1,1	— 0,4	0,7	— 1,0	— 0,9

	Juli			August			September	
Fritzen	— 1,0	— 0,5	0,5	— 1,2	— 0,7	0,5	— 1,2	— 0,8
Kurwien	0,0	0,6	0,6	0,1	0,3	0,2	0,0	— 0,1
Carlsberg	— 1,1	0,1	1,2	— 1,3	0,0	1,3	— 1,3	— 0,2
Eberswalde	— 0,2	— 0,2	0,0	— 0,2	— 0,3	— 0,1	— 0,4	— 0,4
Friedrichsrode	— 1,6	— 0,8	0,8	— 0,9	— 0,5	0,4	— 0,6	— 0,3
Sonnenberg	0,0	0,4	0,4	— 0,7	— 0,3	0,4	— 0,7	— 0,4
Marienthal	— 0,5	— 0,4	0,1	— 0,6	— 0,7	— 0,1	— 0,3	— 0,3
Hadersleben	— 1,2	— 0,6	0,6	— 0,9	— 0,5	0,4	— 0,5	— 0,3
Schoo	— 0,3	— 0,3	0,0	— 0,6	— 0,6	0,0	— 0,4	— 0,3
Lahnhof	— 0,2	— 0,2	0,0	— 0,6	— 0,5	0,1	— 0,6	— 0,6
Hollerath	— 1,3	— 0,9	0,4	— 1,4	— 1,3	0,1	— 1,1	— 1,3
St. Johann	— 1,7	— 0,4	1,3	— 1,6	— 0,7	0,9	— 1,8	— 1,1
Hagenau	— 1,9	— 0,3	1,6	— 1,7	— 1,0	0,7	— 1,7	— 1,4
Neumath	— 0,9	— 0,4	0,5	— 0,9	— 0,5	0,4	— 1,0	— 0,6
Melkerei	— 2,2	— 1,8	0,4	— 2,2	— 1,8	0,4	— 2,1	— 1,7

Anm. Das Zeichen + bedeutet, dass der zweite Werth grösser, das Zeichen —, dass der zweite und Minimum-Temperaturen.

Im Walde 1,5 Mtr. hoch und in der Baumkrone	April			Mai			Juni		
	Im Freien und im Walde 1,5 Mtr. hoch	Im Freien und im Walde in der Baumkrone	Im Walde 1,5 Mtr. hoch und in der Baumkrone	Im Freien und im Walde 1,5 Mtr. hoch	Im Freien und im Walde in der Baumkrone	Im Walde 1,5 Mtr. hoch und in der Baumkrone	Im Freien und im Walde 1,5 Mtr. hoch	Im Freien und im Walde in der Baumkrone	Im Walde 1,5 Mtr. hoch und in der Baumkrone
0,2	— 0,7	— 0,2	0,5	— 0,5	— 0,1	0,4	— 0,8	— 0,4	0,4
— 0,1	0,3	0,6	0,3	0,3	0,7	0,4	0,1	0,6	0,5
0,7	— 0,9	0,0	0,9	— 1,0	0,1	1,1	— 0,8	0,1	0,9
0,0	0,0	— 0,3	— 0,3	0,0	— 0,1	— 0,1	— 0,3	— 0,4	— 0,1
— 0,1	0,2	0,1	— 0,1	— 0,7	— 0,5	0,2	— 1,7	— 1,1	0,6
0,2	— 0,8	— 0,4	0,4	— 0,2	0,3	0,5	— 0,2	0,2	0,4
0,0	0,5	0,5	0,0	0,7	0,6	— 0,1	— 0,5	— 0,6	— 0,1
— 0,1	— 0,1	— 0,3	— 0,2	— 0,2	0,1	0,3	— 1,1	0,7*	1,8*
0,1	— 0,1	0,0	0,1	— 0,1	0,1	0,2	— 0,1	— 0,1	0,0
— 0,2	0,4	0,0	— 0,4	0,4	0,2	— 0,2	0,0	0,0	0,0
— 0,4	— 1,0	— 1,2	— 0,2	— 1,1	— 1,1	0,0	— 1,3	— 1,1	0,2
0,4	— 1,2	— 1,0	0,2	— 0,7	0,1	0,8	— 1,7	— 0,5	1,2
— 0,5	— 0,9	— 1,1	— 0,2	— 1,0	— 0,3	0,7	— 1,8	— 0,3	1,5
0,2	0,5	0,6	0,1	— 0,5	— 0,2	0,3	— 0,9	— 0,2	0,7
0,1	— 1,2	— 0,9	0,3	— 0,8	— 0,3	0,5	— 2,4	— 2,1	0,3

Im Walde 1,5 Mtr. hoch und in der Baumkrone	October			November			December		
	Im Freien und im Walde 1,5 Mtr. hoch	Im Freien und im Walde in der Baumkrone	Im Walde 1,5 Mtr. hoch und in der Baumkrone	Im Freien und im Walde 1,5 Mtr. hoch	Im Freien und im Walde in der Baumkrone	Im Walde 1,5 Mtr. hoch und in der Baumkrone	Im Freien und im Walde 1,5 Mtr. hoch	Im Freien und im Walde in der Baumkrone	Im Walde 1,5 Mtr. hoch und in der Baumkrone
0,4	— 0,7	— 0,4	0,3	— 0,3	0,0	0,3	— 0,2	0,0	0,2
— 0,1	0,2	0,0	— 0,2	0,3	0,1	— 0,2	0,4	0,2	— 0,2
1,1	— 0,4	0,0	0,4	— 0,5	0,0	0,5	— 0,1	0,2	0,3
0,0	— 0,1	— 0,3	— 0,2	0,0	0,0	0,0	0,2	0,0	— 0,2
0,3	— 0,4	— 0,4	0,0	— 0,5	— 0,4	0,1	— 0,2	— 0,1	0,1
0,3	— 0,4	— 0,2	0,2	— 0,3	0,1	0,4	0,1	0,3	0,2
0,0	— 0,2	0,0	0,2	— 0,6	— 0,3	0,3	— 0,2	0,2	0,4
0,2	0,0	0,0	0,0	0,0	— 0,1	— 0,1	0,0	0,2	0,2
0,1	— 0,1	— 0,2	— 0,1	0,2	0,1	— 0,1	0,3	0,0	— 0,3
0,0	0,3	0,1	— 0,2	0,0	0,0	0,0	0,3	0,3	0,0
— 0,2	— 0,5	— 1,0	— 0,5	— 0,4	— 0,8	— 0,4	0,0	— 0,5	— 0,5
0,7	— 0,6	— 0,3	0,3	— 0,7	— 0,2	0,5	— 0,4	0,3	0,7
0,3	— 0,9	— 1,0	— 0,1	— 0,8	— 0,6	0,2	— 0,4	— 0,6	— 0,2
0,4	— 0,3	— 0,3	0,0	— 0,5	— 0,1	0,4	— 0,2	— 0,1	0,1
0,4	— 1,3	— 1,2	0,1	— 1,1	— 0,6	0,5	— 0,9	— 0,5	0,4

* Werth kleiner als der erste Werth war.

Tafel

Unterschiede zwischen den Jahresmitteln der Lufttemperatur im Walde 1,5 Mtr.
in Graden der

(Ein * bedeutet, dass die Beobachtungen, aus welchen die Jahresmittel berechnet sind, nicht vollständig
und aus Taf. V und

In St. Johann fanden die Beobachtungen im Winter (October bis April) um 9ʰ Morgens und

	Morgens 8ʰ			Mittags 2ʰ			Mittel aus	
	Im Freien und im Walde 1,5 Mtr. hoch	Im Freien und im Walde in der Baumkrone	Im Walde 1,5 Mtr. hoch und in der Baumkrone	Im Freien und im Walde 1,5 Mtr. hoch	Im Freien und im Walde in der Baumkrone	Im Walde 1,5 Mtr. hoch und in der Baumkrone	Im Freien und im Walde 1,5 Mtr. hoch	Im Freien und im Walde in der Baumkrone
Fritzen	— 0,7	— 0,5	0,2	— 0,8	— 0,6	0,2	— 0,8	— 0,6
Kurwien	— 0,3	— 0,1	0,2	— 0,6	— 0,8	— 0,2	— 0,4	— 0,4
Carlsberg	— 1,2	— 0,2	1,0	— 0,9	0,0	0,9	— 1,1	— 0,1
Eberswalde	— 0,5	— 0,3	0,2	— 0,9	— 0,9	0,0	— 0,7	— 0,7
Friedrichsrode	— 0,7	— 0,3	0,4	— 0,8	— 0,6	0,2	— 0,8	— 0,5
Sonnenberg	— 0,5	— 0,3	0,2	— 1,3	— 0,9	0,4	— 0,9	— 0,6
Marienthal	— 0,4	— 0,4	0,0	— 0,9	— 0,8	0,1	— 0,7	— 0,6
Hadersleben	0,1	0,4*	0,3*	— 0,4	— 0,3*	0,1*	— 0,1	0,0*
Schoo	— 0,6	— 0,3	0,3	— 0,6	— 0,4	0,2	— 0,6	— 0,3
Lahnhof	— 0,5	— 0,4	0,1	— 1,1	— 0,7	0,4	— 0,8	— 0,6
Hollerath	— 0,4	— 0,4	0,0	— 1,2	— 1,3	— 0,1	— 0,8	— 0,8
St. Johann	— 0,8	— 0,2	0,6	— 0,8	— 0,3	0,5	— 0,3	0,3
Hagenau	— 0,9	— 0,6	0,3	— 1,5	— 1,2	0,2	— 1,2	— 0,9
Neumath	— 0,8	— 0,1	0,7	— 0,8	— 0,5	0,3	— 0,8	— 0,3
Melkerei	— 0,6	— 0,4	0,2	— 1,5	— 1,4	0,1	— 1,1	— 1,0

Anm. Das Zeichen + bedeutet, dass der zweite Werth grösser, das Zeichen —, dass der zweite

IX.

hoch und in der Baumkrone und den Jahresmitteln der Lufttemperatur im Freien
Centesimal-Scala.

ausgeführt werden konnten. Welche Lücken dabei vorhanden waren, ist aus den Vorbemerkungen S. 5
VI ersichtlich.)

4h Nachmittags und im Sommer (Mai bis September) um 7h Morgens und 6h Nachmittags statt.

beiden	Maxim.-Temp.			Minim.-Temp.			Mittel aus beiden		
Im Walde 1,5 Mtr. hoch und in der Baumkrone	Im Freien und im Walde 1,5 Mtr. hoch	Im Freien und im Walde in der Baumkrone	Im Walde 1,5 Mtr. hoch und in der Baumkrone	Im Freien und im Walde 1,5 Mtr. hoch	Im Freien und im Walde in der Baumkrone	Im Walde 1,5 Mtr. hoch und in der Baumkrone	Im Freien und im Walde 1,5 Mtr. hoch	Im Freien und im Walde in der Baumkrone	Im Walde 1,5 Mtr. hoch und in der Baumkrone
0,2	− 1,3	− 1,0	0,3	0,1	0,4	0,3	− 0,6	− 0,3	0,3
0,0	− 0,9	− 1,0	− 0,1	1,5	1,7	0,2	0,3	0,3	0,0
1,0	− 1,6	− 0,5	1,1	0,1	0,7	0,6	− 0,7	0,1	0,8
0,0	− 0,9	− 1,0	− 0,1	0,6	0,6	0,0	− 0,1	− 0,2	− 0,1
0,3	− 1,5	− 1,2	0,3	0,6	0,7	0,1	− 0,5	− 0,3	0,2
0,3	− 2,1	− 1,3	0,8	1,4	1,3	− 0,1	− 0,3	0,1	0,4
0,1	− 1,4	− 1,2	0,2	1,3	1,3	0,0	0,0	0,0	0,0
0,1*	− 0,8	− 0,5*	0,3*	0,2	0,4*	0,2*	− 0,3	0,0*	0,3*
0,3	− 0,6	− 0,5	0,1	0,4	0,3	− 0,1	− 0,1	− 0,1	0,0
0,2	− 0,9	− 0,7	0,2	1,1	0,8	− 0,3	0,1	0,1	0,0
0,0	− 2,0	− 2,1	− 0,1	0,3	0,2	− 0,1	− 0,8	− 0,9	− 0,1
0,6	− 3,1	− 2,0	1,1	1,1	1,3	0,2	− 1,0	− 0,4	0,6
0,3	− 2,3	− 1,5	0,8	0,2	0,0	− 0,2	− 1,1	− 0,8	0,3
0,5	− 1,5	− 0,4	1,1	0,7	0,3	− 0,4	− 0,4	− 0,1	0,3
0,1	− 2,5	− 2,4	0,1	− 0,3	0,4	0,7	− 1,4	− 1,1	0,3

Werth kleiner als der erste Werth war.

Tafel X.

Extreme der in den einzelnen Monaten beobachteten Lufttemperaturen im Walde 1,5 Mtr. hoch und in der Baumkrone und im Freien in Graden der Centesimal-Scala.

	Im Freien				Im Walde								Im Freien				Im Walde							
	Maximum		Minimum		1,5 Mtr. hoch				in der Baumkrone				Maximum		Minimum		1,5 Mtr. hoch				in der Baumkrone			
					Maximum		Minimum		Maximum		Minimum						Maximum		Minimum		Maximum		Minimum	
	Dat.	Temp.	Dat.	Temp.	Dat.	Temp.	Dat.	Temp.	Dat.	Temp.	Dat.	Temp.	Dat.	Temp.	Dat.	Temp.	Dat.	Temp.	Dat.	Temp.	Dat.	Temp.	Dat.	Temp.
									Januar									**Februar**							
Fritzen	4	3,5	15	—24,7	4	3,2	14	—21,8	4	3,0	14	—22,5	11	3,9	28	—17,0	11	3,1	28	—16,2	11	3,0	28	—16,0
Kurwien	31	2,4	27	—32,5	5	1,9	27	—30,1	5	1,5	27	—28,8	11	4,9	28	—23,6	11	4,6	28	—19,5	11	4,4	28	—19,7
Carlsberg	3	2,8	16	—29,0	29	1,2	16	—25,9	30	2,5	16	—25,3	23	7,6	16	—21,0	1	2,5	16	—18,9	23	6,7	16	—18,2
Eberswalde	30	6,2	26	—24,6	30	4,6	26	—22,6	30	6,0	25	—22,9	4	6,6	14	— 9,0	10	5,9	14	— 8,8	4	6,4	14	— 9,0
Friedrichsr.	30	6,2	16	—28,0	30	6,0	16	—24,2	30	6,4	15	—23,6	22	10,0	15	—17,0	22	8,2	15	—14,1	22	8,8	15	—13,7
Sonnenberg	4	5,3	15	—25,5	30	2,6	15	—19,5	30	2,8	22	—19,6	22	11,3	14	—18,1	22	4,2	14	—14,8	22	7,7	14	—15,5
Marienthal	30	8,5	24	—25,0	30	6,3	26	—19,9	30	7,1	15	—20,0	5	9,6	15	—12,8	5	8,0	15	—10,9	4	8,1	15	—11,0
Hadersleben	2	5,5	16	—19,8	2;3	5,3	16	—17,9	2;3	5,2	21	—17,3	5	5,3	13	—12,6	5	5,1	13	—12,9	5	5,2	13	—12,8
Schoo	30	5,8	17	—23,5	2	4,6	24	—21,8	30	4,8	24	—21,3	23	12,2	14	— 7,9	23	9,0	14	— 7,8	23	10,2	14	— 7,9
Lahnhof	30	4,6	16	—22,8	29	4,2	15;24 25	—18,0	30	4,8	15	—19,0	22	10,6	14	—15,5	22;23	9,0	14	—15,7	23	10,2	14	—16,5
Hollerath	30	5,2	15	—21,1	30	4,8	15	—18,4	29;30	4,0	15;16	—19,0	23	13,7	14	—13,6	23	10,8	14	—10,6	23	11,0	14	—11,0
St. Johann	31	11,7	22	—27,5	30	5,0	22	—21,4	30	7,0	22	—18,8	28	12,7	14	—22,3	28	9,8	14	—15,0	28	11,2	14	—13,9
Hagenau	29	10,2	22	—25,4	30	6,6	22	—21,0	29	8,9	22	—20,0	22	15,2	14	—12,8	28	13,9	14	—12,2	28	11,6	14	—12,1
Neumath	29	9,3	21	—20,2	29	7,8	22	—20,0	29	8,7	16	—19,0	22	14,3	14	—12,7	22	13,2	14	—12,2	22	14,0	14	—11,3
Melkerei	4	8,2	21	—17,0	4;29	4,4	16	—16,9	4	5,0	16	—17,1	22	14,2	14	—13,0	22	11,4	14	—11,9	22	12,0	14	—11,4

März

Station	Tag	Wert	Tag	Wert	Tag	Wert	Tag	Wert	Tag	Wert	Tag	Wert
Fritzen	28	8,2	6	−20,3	28	6,7	6	−18,2	29	7,3	6	−18,4
Kurwien	28	10,7	7	−23,1	28	8,6	7	−19,9	28	8,5	7	−19,4
Carlsberg	29	9,2	4	−25,2	29	6,3	4	−21,6	29	10,4	4	−22,5
Eberswalde	29	15,7	2	−12,1	29	14,9	2	−11,9	29	14,9	2	−11,8
Friedrichsr.	29	15,0	2	−13,2	29	15,4	2	−11,2	29	15,0	2	−11,2
Sonnenberg	16	11,1	4	−17,3	29	6,8	4	−13,8	29	8,1	4	−14,1
Marienthal	29	15,1	4	−12,3	29	15,2	4	−10,9	29	14,1	4	−10,6
Hadersleben	16	10,3	2	−16,8	16	9,8	2	−14,5	16	8,9	5	−13,2
Schoo	16	13,4	3	− 9,3	16	12,4	4	− 9,6	16	13,0	4	− 9,5
Lahnhof	29	15,0	3	−12,3	29	14,0	3	−10,2	29	13,1	3	−10,6
Hollerath	18	15,2	2	−10,1	18	13,3	2	− 7,6	18	12,5	2	− 8,0
St. Johann	29	17,5	3	−16,4	29	14,1	3	−11,1	29	15,8	2	−10,2
Hagenau	29	23,0	2	− 8,3	29	21,9	3	− 8,2	29	19,9	2	− 8,5
Neumath	29	19,2	2	− 8,4	29	20,0	2	− 7,0	29	20,7	2	− 7,1
Melkerei	29	18,2	2;3	− 9,5	29	17,4	2	− 9,8	29	18,0	2	− 9,4

April

Station	Tag	Wert	Tag	Wert	Tag	Wert	Tag	Wert	Tag	Wert	Tag	Wert
Fritzen	19	18,5	4	−10,7	19	14,0	4	− 8,6	19	17,0	4	− 8,6
Kurwien	17-19	19,2	5	−15,4	19	17,3	5	−13,6	18	18,1	5	−13,9
Carlsberg	18	17,0	5	−17,0	18	12,4	5	−14,6	18	15,4	5	−13,8
Eberswalde	18	22,7	4	− 9,1	18	20,7	4	− 7,4	18	20,1	4	− 7,3
Friedrichsr.	18	20,0	4	−10,1	18	20,3	4	− 8,1	18	19,8	4	− 8,7
Sonnenberg	18	17,1	4	−11,9	18	12,0	4	−10,0	18	13,7	5	−10,4
Marienthal	18	20,4	4	−10,3	18	21,7	4	− 8,8	18	19,9	4	− 7,6
Hadersleben	18	19,0	5	− 7,8	18	18,7	5	− 6,9	18	17,3	5	− 5,4
Schoo	16	20,0	4	− 5,9	16	19,0	4	− 6,8	16	19,2	4	− 6,5
Lahnhof	18	19,1	4	− 8,1	18	17,9	4	− 6,8	18	17,3	4	− 7,3
Hollerath	18	19,2	4	− 5,8	18	15,3	4	− 5,6	18	16,0	4	− 6,3
St. Johann	18	18,8	22	− 6,1	18	15,0	21	− 3,7	18	15,7	21	− 3,8
Hagenau	17	23,8	21	− 4,7	18	20,9	21	− 3,0	18	21,0	21	− 3,0
Neumath	18	20,4	21	− 4,0	17	21,5	21	− 2,2	18	21,7	21	− 2,5
Melkerei	18	18,7	4;20	− 5,0	30	15,9	4	− 5,8	17	15,5	4	− 5,4

Mai

Station	Tag	Wert	Tag	Wert	Tag	Wert	Tag	Wert	Tag	Wert	Tag	Wert
Fritzen	16	25,0	13	− 1,9	16;19	23,3	1;13	− 0,6	16;19	23,6	1	− 0,0
Kurwien	26	27,2	1	− 6,9	26	26,1	1	− 4,7	26	28,4	1	− 4,2
Carlsberg	20	25,0	18	− 5,2	20	24,4	18	− 4,2	20	24,9	18	− 3,7
Eberswalde	26	28,9	11	− 3,9	26	28,4	11	− 2,6	26	27,8	11	− 2,2
Friedrichsr.	27	25,6	11	− 5,2	15	23,2	11	− 4,1	27	23,3	11	− 3,1
Sonnenberg	27	21,6	5	− 7,1	27	18,6	11	− 4,0	27	19,4	11	− 4,3
Marienthal	26	27,0	11	− 6,4	15;16	24,6	11	− 3,1	26	24,4	11	− 1,9
Hadersleben	31	27,3	12	− 1,2	31	24,0	12	− 0,9	31	25,3	10;11	0,2
Schoo	26	26,3	13	− 3,1	26	26,5	12	− 1,6	26	26,8	12	− 0,3
Lahnhof	26	23,3	4	− 1,2	15	21,7	13	− 0,7	25	21,5	4	− 1,0
Hollerath	26	24,7	11	− 2,8	25	23,3	11	− 2,1	25	22,0	11	− 3,0
St. Johann	19	23,3	14	− 4,2	19	20,9	11	− 1,4	19	22,0	11	− 1,5
Hagenau	25	30,8	5	− 1,9	25	26,4	5	− 0,9	25	32,1	5	− 2,0
Neumath	25	26,7	11;14	0,1	7	23,5	5	− 0,2	25	24,5	5	− 0,3
Melkerei	25	23,2	5	− 3,0	19	21,9	11	− 3,2	15;19/25;26	20,0	11	− 2,9

Juni

Station	Tag	Wert	Tag	Wert	Tag	Wert	Tag	Wert	Tag	Wert	Tag	Wert
Fritzen	22	29,7	19	4,4	7;22	27,9	13	5,6	22	29,8	15	5,4
Kurwien	23	32,7	19	− 0,1	23	31,3	19	2,1	22	32,3	19	3,0
Carlsberg	23	27,7	19	− 1,8	22	26,4	19	− 1,4	22	27,9	19	− 0,9
Eberswalde	22	34,0	17	3,9	22	33,0	11	4,3	22	33,3	11	4,1
Friedrichsr.	22	31,2	11	3,5	22	25,5	11	3,7	22	28,2	11	3,4
Sonnenberg	22	27,3	11	1,1	22	26,5	11	− 0,3	22	27,1	11	− 0,7
Marienthal	22	32,7	13	1,1	22	27,1	9;13	5,1	22	28,5	13	4,7
Hadersleben	1	27,0	10	3,4	1	23,9	8	3,9	1;2	25,8	—	—
Schoo	21	28,8	8	1,1	21	27,9	8	3,8	21	28,2	8	3,5
Lahnhof	22	25,7	11	− 0,1	22	24,5	10	1,3	22	24,6	10	0,5
Hollerath	21	26,7	11	− 0,6	21	22,8	11	0,2	18;21	23,0	11	0,0
St. Johann	22	32,2	13	0,8	22	23,3	10	1,3	22	27,9	10	1,0
Hagenau	25	33,3	11	1,1	22	30,9	10	2,8	21	33,4	10	2,4
Neumath	22	28,3	10	− 0,2	22	25,5	10	1,8	22	27,3	10	1,0
Melkerei	22	27,7	11	− 1,8	22	22,9	11	− 0,8	22	23,0	11	− 0,4

Juli

	Im Freien				Im Walde							
	Maximum		Minimum		1,5 Meter hoch				in der Baumkrone			
					Maximum		Minimum		Maximum		Minimum	
	Dat.	Temp.	Dat.	Temp.	Dat.	Temp.	Dat.	Temp.	Dat.	Temp.	Dat.	Temp.
Fritzen	20	33,7	7	4,6	20	31,4	7	7,2	20	31,6	7	8,5
Kurwien	20	35,4	24	— 0,1	20	33,6	24	3,1	20	33,7	24	4,5
Carlsberg	20	29,8	29	— 1,8	20	28,4	29	— 1,8	20	29,7	29	— 1,0
Eberswalde	20	36,0	1	6,7	20	34,4	1	8,2	20	34,8	1	8,2
Friedrichsr.	19	37,3	1	3,7	20	32,3	28	6,2	20	33,4	28	5,9
Sonnenberg	19	30,3	1	0,9	19	28,6	28;29	4,0	19	29,0	29	3,8
Marienthal	20	35,3	22	4,0	20	32,1	28	7,2	20	33,7	28	7,0
Hadersleben	20	29,7	22	5,7	20	26,2	22	7,0	20	28,3	22	7,0
Schoo	19	32,3	22	3,1	15	30,7	22	6,0	15;19	31,2	22	5,5
Lahnhof	19	32,7	28	2,8	19	30,1	28	4,5	19	30,5	28	4,0
Hollerath	5;19	33,7	28	4,4	19	30,8	28	4,9	19	32,0	28	4,7
St. Johann	5	34,7	8	1,7	19	26,8	28	6,0	19	36,6	28	5,5
Hagenau	19	40,8	8	6,0	20	34,9	29	7,0	15	39,1	8	6,4
Neumath	19	36,2	8	6,3	19	32,4	8	8,3	19	34,5	11	7,3
Melkerei	19	33,7	8	5,8	19	28,4	28	5,8	20	28,0	27;28	6,3

August

	Im Freien				Im Walde							
	Maximum		Minimum		1,5 Meter hoch				in der Baumkrone			
					Maximum		Minimum		Maximum		Minimum	
	Dat.	Temp.	Dat.	Temp.	Dat.	Temp.	Dat.	Temp.	Dat.	Temp.	Dat.	Temp.
Fritzen	27	28,9	25	6,6	27	27,0	25	6,9	27	27,6	25	7,5
Kurwien	28	31,8	20	1,9	28	29,6	20	4,7	28	29,9	31	5,5
Carlsberg	9	27,8	30	— 1,8	9	24,7	30	— 1,6	9	27,7	30	— 0,5
Eberswalde	6;9	32,7	30	4,3	9	31,5	30	6,9	6	31,6	30	7,0
Friedrichsr.	6	31,1	21	2,7	6	26,9	29	5,3	6	29,0	29	5,0
Sonnenberg	8	24,9	3	1,1	6	23,6	30	4,7	6	24,6	30	4,5
Marienthal	6	32,0	3	4,5	6	28,7	29	7,1	6	28,9	29	7,0
Hadersleben	5	25,6	3	3,7	5	22,8	3	5,1	6	24,3	3	5,2
Schoo	5	28,6	23;28	4,8	5	26,3	23	6,0	5	27,4	23	5,9
Lahnhof	5;8	26,3	29	2,3	6	24,1	29	5,5	6	24,2	29	5,0
Hollerath	5	27,6	29	4,2	5	23,6	29	5,6	5	25,0	29	5,3
St. Johann	6	29,0	29	2,8	6	24,8	29	5,5	6	27,8	29	5,3
Hagenau	5	34,3	29	5,9	6	31,5	30	6,3	6	33,8	30	5,5
Neumath	6	30,2	29	4,8	6	28,1	29	7,0	6	29,9	29	6,0
Melkerei	6	29,2	29	4,0	6	24,9	29	4,5	6	25,0	29	5,1

	September												October											
Fritzen	7	25,7	24	— 3,2	7	22,4	23	— 1,6	7	23,9	23	— 1,1	9	15,8	31	—11,1	9	14,1	31	—10,0	9	14,6	31	— 9,6
Kurwien	6	27,8	30	— 9,6	6	25,3	30	— 6,3	6	26,0	30	— 6,6	8	17,5	31	—12,1	9	16,1	31	— 9,0	9	15,7	31	— 8,5
Carlsberg	7	21,6	26	— 6,5	7	17,6	26	— 5,6	8	20,4	26	— 4,8	8	13,9	30	—11,0	8	10,4	30	—10,2	8	12,9	30	—10,4
Eberswalde	7	26,6	25	— 3,4	7	23,9	25;30	— 0,8	7	24,1	25	— 0,9	8	18,5	1	— 4,6	8	16,5	1	— 1,9	8	17,1	1	— 1,9
Friedrichsr.	2;19	20,2	25	— 5,0	19	17,2	25	— 1,1	19	18,4	25	— 1,7	14	13,5	31	— 3,9	14	12,3	28	— 5,7	14	12,9	28	— 5,8
Sonnenberg	8	18,5	25	— 3,9	6;8	14,8	25	— 1,5	8	16,1	25	— 1,9	14	11,0	28	—10,7	14	9,5	28	— 7,6	14	9,7	28	— 7,8
Marienthal	2	23,9	30	— 1,8	2	20,5	25	0,9	2	20,8	25	0,9	14	15,8	1	— 3,8	14	14,3	31	— 2,9	14	15,0	31	— 2,7
Hadersleben	7	19,7	24;30	2,2	7	17,7	24;30	4,1	7	18,4	24;30	4,2	1;8	13,7	31	— 6,3	8	12,8	31	— 4,9	8	13,4	31	— 4,2
Schoo	7	22,2	30	— 0,2	7	20,1	25	0,8	7	21,0	25	0,5	1	14,3	31	— 6,0	4	13,5	31	— 3,6	4	14,4	31	— 3,5
Lahnhof	8	20,0	30	— 0,7	21	17,5	25	0,7	21	18,2	25	0,5	14	11,5	31	— 8,9	14	11,3	31	— 6,5	14	11,2	31	— 7,2
Hollerath	18	22,1	30	2,2	21	19,3	25;30	3,2	21	19,3	24	2,5	2	12,4	28;31	— 6,1	14	10,8	31	— 5,1	14	10,5	31	— 6,0
St. Johann	18	24,0	26	— 1,5	18	17,2	26	— 0,4	18	20,4	26	0,0	14	14,6	7	— 7,5	14	12,6	18	— 4,2	14	13,8	18	— 4,5
Hagenau	19	27,9	26	0,3	19	21,5	26	1,3	19	23,3	26	0,3	14	17,5	29	— 5,4	14	16,5	29	— 3,7	14	17,3	29	— 4,1
Neumath	18;20	22,7	25	1,6	19	18,7	30	2,1	18	20,6	30	1,3	14	15,0	29	— 4,9	14	13,9	29;31	— 3,2	14	14,8	29	— 3,7
Melkerei	18	27,2	25	0,2	18	19,9	25	1,0	18	20,5	25	1,3	24	13,2	31	— 6,5	14	9,9	31	— 7,0	14	10,0	31	— 6,9

	November												December											
Fritzen	28	10,4	4	—14,2	16	9,8	4	—11,5	28	10,1	4	—10,5	27;28	5,5	16	—11,8	27	5,0	16	—11,0	27	5,2	16	—10,8
Kurwien	16	11,2	4	—20,1	16	10,9	4	—17,4	16	10,5	4	—17,4	28	4,9	16	—14,6	28	4,7	16	—13,5	28	4,6	16	—13,5
Carlsberg	27	10,0	4	—21,8	27	7,8	4	—19,5	23	8,9	4	—19,4	11;12	5,4	24	—20,2	17	3,9	24	—18,8	12	4,9	24	—18,4
Eberswalde	6	14,6	4	— 8,7	6	13,9	4	— 7,8	6	13,8	4	— 7,9	18	9,0	25	— 8,4	18	8,8	25	— 7,8	18	8,6	25	— 7,7
Friedrichsr.	5	13,6	1	— 8,1	5;6	12,6	3	— 8,0	5	13,9	3	— 8,8	18	8,8	30	— 9,7	18	8,5	26	— 9,0	18	8,6	27	-10,5?
Sonnenberg	6	11,1	1	—14,5	23	8,3	1	—10,5	6	9,1	1	—10,6	28	7,7	25	—11,9	18	4,9	25	— 8,9	28	6,4	25	— 8,9
Marienthal	5	14,6	4	— 6,8	6	13,7	4	— 6,7	6	14,3	4	— 6,6	18	11,9	25	— 5,6	18	10,8	25	— 6,0	18	11,6	25	— 5,2
Hadersleben	22	10,7	1	— 5,8	22	10,6	1	— 4,8	22	10,7	1	— 3,8	3;27	5,7	24	— 6,4	27	6,3	24	— 6,0	27	6,4	24	— 4,4
Schoo	22	13,2	1	— 7,2	22	12,9	1	— 5,4	22	13,0	1	— 5,7	2;3	7,2	25	— 4,4	2	7,3	24	— 3,8	2	7,2	24	— 3,9
Lahnhof	5	13,2	1	— 6,2	6	12,2	3	— 5,8	5	12,4	3	— 6,5	18	7,9	26	—10,5	18	7,6	26	— 9,9	18	7,6	26	—10,1
Hollerath	5	15,1	1	— 8,6	5	13,3	1	— 6,8	5	13,0	1	— 7,5	18	8,1	25	— 9,1	18	7,8	25	— 8,1	18	7,0	25	— 9,0
St. Johann	5	17,5	2	— 4,8	5	13,0	2	— 5,0	5	16,2	2	— 5,0	30	10,0	26	—13,2	18	6,8	26	—10,5	18;30	9,0	26	—10,0
Hagenau	5	18,9	20	— 6,0	6	15,3	20	— 4,9	5	15,8	20	— 4,5	18	11,7	26	—10,3	18	11,1	26	— 9,3	18	11,7	26	— 9,9
Neumath	5	17,1	19	— 2,9	5	16,3	19	— 2,2	5	17,2	3	— 2,0	18	8,8	26	— 8,3	18	8,2	26	— 8,3	18	8,9	26	— 8,3
Melkerei	5	17,2	1	— 6,0	5	16,4	1	— 6,8	5	15,5	1	— 6,4	30	15,7	26	—10,0	30	10,4	25	— 9,2	30	12,5	25;26	— 8,9

Tafel XI.

Extreme der Lufttemperatur im Jahre 1881, im Walde 1,5 Mtr. hoch und in der Baumkrone und im Freien in Graden der Centesimal-Scala.

	Im Freien					Im Walde									
						1,5 Mtr. hoch					in der Baumkrone				
	Maximum		Minimum		Temp.-Diff.	Maximum		Minimum		Temp.-Diff.	Maximum		Minimum		Temp.-Diff.
	Dat	Temp.	Dat.	Temp.		Dat.	Temp.	Dat.	Temp.		Dat.	Temp.	Dat.	Temp.	
Fritzen	20. Juli	33,7	15. Jan.	—24,7	58,4	20. Juli	31,4	14. Jan.	—21,8	53,2	20. Juli	31,6	14. Jan.	—22,5	54,1
Kurwien	20. „	35,4	27. „	—32,5	67,9	20. „	33,6	27. „	—30,1	63,7	20. „	33,7	27. „	—28,8	62,5
Carlsberg	20. „	29,8	16. „	—29,0	58,8	20. „	28,4	16. „	—25,9	54,3	20. „	29,7	16. „	—25,3	55,0
Eberswalde	20. „	36,0	26. „	—24,6	60,6	20. „	34,4	26. „	—22,6	57,0	20. „	34,8	25. „	—22,9	57,7
Friedrichsrode	19. „	37,3	16. „	—28,0	65,3	20. „	32,3	16. „	—24,2	56,5	20. „	33,4	15. „	—23,6	57,0
Sonnenberg	19. „	30,3	15. „	—25,5	55,8	19. „	28,6	15. „	—19,5	48,1	19. „	29,0	22. „	—19,6	48,6
Marienthal	20. „	35,3	24. „	—25,0	60,3	20. „	32,1	26. „	—19,9	52,0	20. „	33,7	15. „	—20,0	53,7
Hadersleben	20. „	29,7	16. „	—19,8	49,5	20. „	26,2	16. „	—17,9	44,1	20. „	28,3	21. „	—17,3	45,6
Schoo	19. „	32,3	17. „	—23,5	55,8	15. „	30,7	24. „	—21,8	52,5	15;19. „	31,2	24. „	—21,3	52,5
Lahnhof	19. „	32,7	16. „	—22,8	55,5	19. „	30,1	15.24.25. „	—18,0	48,1	19. „	30,5	15. „	—19,0	49,5
Hollerath	5;19. „	33,7	15. „	—21,1	54,8	19. „	30,8	15. „	—18,4	49,2	19. „	32,0	15;16 „	—19,0	51,0
St. Johann	5. „	34,7	22. „	—27,5	62,2	19. „	26,8	22. „	—21,4	48,2	19. „	36,6	21. „	—18,8	55,4
Hagenau	19. „	40,8	22. „	—25,4	66,2	20. „	34,9	22. „	—21,0	55,9	15. „	39,1	22. „	—20,0	59,1
Neumath	19. „	36,2	21. „	—20,2	56,4	19. „	32,4	22. „	—20,0	52,4	19. „	34,5	16. „	—19,0	53,5
Melkerei	19. „	33,7	21. „	—17,0	50,7	19. „	28,4	16. „	—16,9	45,3	20. „	28,0	16. „	—17,1	45,1

3. Die Temperaturen des Erdbodens an der Oberfläche und in den Tiefen von 0,15; 0,3; 0,6; 0,9; und 1,2 Meter auf freiem Felde und im Walde.

Tafel XII.

Mittlere Monatstemperaturen des Erdbodens an der Oberfläche und in den Tiefen von 0,15; 0,3; 0,6; 0,9 und 1,2 Mtr. im Freien und im Walde in Graden der Centesimal-Scala.

Alle Zahlen sind die Mittel aus der Morgen- und Nachmittags-Beobachtung. Wann dieselben stattgefunden haben, ist in Taf. I. II. VII. und IX. angegeben.

		Januar						Februar					
		Oberfläche	0,15	0,3	0,6	0,9	1,2	Oberfläche	0,15	0,3	0,6	0,9	1,2
Fritzen	F.-St.	0,0	− 0,2	− 0,1	0,9	1,7	2,2	− 0,6	− 1,0	− 0,7	0,3	0,9	1,4
	W.-St.	0,0	0,6	0,6	1,9	2,6	3,3	− 0,2	0,1	− 0,1	1,0	1,8	2,4
Kurwien	F.-St.	− 4,4	− 2,6	− 1,1	0,9	2,0	3,2	− 2,4	− 1,7	− 0,8	0,2	1,0	2,1
	W.-St.	− 1,1	0,0	0,1	1,8	2,8	3,4	− 0,7	− 0,4	− 0,4	0,7	1,6	2,1
Carlsberg	F.-St.	− 0,8	− 2,8	− 1,6	0,7	1,8	2,6	− 0,5	− 3,2	− 1,4	− 0,1	1,0	1,8
	W.-St.	− 0,1	0,2	− 0,9	0,6	1,5	2,0	− 0,3	− 0,1	− 1,2	− 0,1	0,7	1,3
Eberswalde	F.-St.	− 3,2	− 2,5	− 2,0	0,2	1,6	2,6	− 0,7	− 0,6	− 1,1	− 0,4	0,5	1,2
	W.-St.	− 3,2	− 1,9	− 0,1	2,2	3,2	4,1	− 0,9	—	− 0,2	1,2	1,9	2,6
Friedrichsrode	F.-St.	− 1,8	− 1,1	− 1,9	1,0	2,6	3,4	− 0,6	− 0,3	− 0,7	0,0	1,3	2,1
	W.-St.	− 0,8	− 0,4	− 1,0	1,9	3,3	3,9	0,0	− 0,1	− 0,1	0,8	2,0	2,6
Sonnenberg	F.-St.	− 0,7	− 0,6	− 0,7	0,4	1,2	1,7	− 0,1	− 0,3	− 0,3	0,1	—	—
	W.-St.	− 0,9	− 0,4	− 0,8	0,9	1,9	2,5	− 0,3	− 0,3	− 0,3	0,3	1,5	—
Marienthal	F.-St.	− 1,2	− 0,4	—	—	—	—	− 0,9	− 0,5	—	—	—	—
	W.-St.	− 0,3	0,2	1,2	2,3	2,9*	3,7*	− 0,3	− 0,3	0,7	1,3	1,7*	2,4*
Hadersleben	F.-St.	− 1,4	− 0,1	0,6	1,9	2,9	3,6	− 1,0	− 0,4	− 0,2	0,9	1,7	2,3
	W.-St.	− 1,0	0,7	0,3	1,6	2,6	3,3	− 0,5	0,1	− 0,4	0,8	1,7	2,3
Schoo	F.-St.	− 0,3	1,0	1,6	2,9	3,9	4,4*	− 0,4	0,4	0,8	1,5	2,3	3,0*
	W.-St	0,2	0,9	1,0	2,6	3,2*	—	0,1	0,4	0,1	1,3	—	—
Lahnhof	F.-St.	− 2,7	− 0,6	0,4	2,3	2,8	3,6	− 0,4	0,0	0,1	1,4	1,8	2,5
	W.-St.	− 2,4	− 0,5	0,4	2,4	2,9	3,7	− 0,4	− 0,1	0,2	1,5	1,9	2,7
Hollerath	F.-St.	− 0,1	0,7	1,2	3,0	4,0	4,4	1,2	1,2	2,1	3,6	4,0	3,8
	W.-St.	− 1,8	− 0,3	1,1	2,6	4,3	4,2	0,8	0,5	0,5	1,5	3,0	2,8
St. Johann	F.-St.	− 5,1	− 0,2	− 0,2	2,2	3,5	4,2	1,3	− 0,3	0,1	1,4	2,5	3,0
	W.-St.	− 4,5	− 0,4	—	2,0	3,0	3,6	0,5	− 0,5	0,0	1,1	2,0	2,5
Hagenau	F.-St.	− 1,1	− 0,9	0,2	2,2	3,8	5,1	1,9	1,6	1,8	2,6	3,3	3,8
	W.-St.	− 0,1	0,6	1,8	4,1	5,1	5,8	1,7	1,8	2,3	3,5	3,9	4,2*
Neumath	F.-St.	− 1,1	1,2	—	2,0	3,6	—	2,1	2,1	—	2,3	2,6	—
	W.-St.	0,7	0,9	—	—	3,9	4,7	1,7	1,4	—	—	2,5	3,0
Melkerei	F.-St.	− 0,4	0,6	0,2	2,1	3,1	4,3	0,4	0,4	0,2	1,4	2,1	3,2
	W.-St.	− 0,5	0,2	0,4	2,0	3,0	3,8	1,0	0,9	0,3	1,5	2,2	3,0

1881.		März						April					
Fritzen	F.-St.	− 0,6	− 1,2	− 0,8	− 0,1	0,6	1,0	1,4	0,2	1,5	1,0	1,0	1,1
	W.-St.	− 0,3	− 0,1	− 0,5	0,5	1,2	1,9	0,4	− 0,1	0,1	0,6	1,1	1,6
Kurwien	F.-St.	− 0,5	− 0,8	− 0,5	0,0	0,8	1,7	6,4	3,2	1,1	1,7	2,0	2,6
	W.-St.	− 0,2	− 0,2	− 0,3	0,5	1,3	1,7	2,2	1,4	0,1	0,7	1,3	1,6
Carlsberg	F.-St.	0,0	− 2,8	− 0,6*	0,0	0,7	1,4	1,4	− 1,5	0,7*	0,9	1,3	1,7
	W.-St.	− 0,1	0,0	− 0,8	− 0,2	0,5	0,9	0,3	0,2	− 0,3	0,0	0,4	0,8
Eberswalde	F.-St.	2,2	0,9	− 0,3	− 0,2	0,5	1,0	8,8	6,9	4,4	4,4	4,0	3,7
	W.-St.	1,3	—	0,3	1,2	1,7	2,2	6,7	5,2	3,8	3,7	3,7	3,7
Friedrichsrode	F.-St.	0,9	0,6	0,3	0,4	1,3	1,8	4,8*	4,2	3,3	3,4	3,4	3,2
	W.-St.	0,5	0,3	0,6	1,3	1,9	2,3	3,7	3,3	3,6	3,4	3,2	3,0
Sonnenberg	F.-St.	0,1	0,1	− 0,4	1,2	—	—	1,4	0,4	—	—	—	—
	W.-St.	− 0,2	− 0,2	− 0,3	0,6	1,9	—	0,0	0,1	—	0,4	1,3	—
Marienthal	F.-St.	1,3	1,1	—	—	—	—	5,6	5,1	4,5	4,4	4,0	3,9
	W.-St.	0,9	0,5	1,5	1,6	1,9*	2,2*	4,0	3,3	3,6	3,4	3,4	3,4
Hadersleben	F.-St.	0,5	− 0,3	− 0,3	0,6	1,3	1,9	6,1	0,7	0,9	1,4	1,9	2,2
	W.-St.	0,1	0,0	− 0,4	0,5	1,3	1,8	4,3	1,3	1,9	1,9	2,1	2,2
Schoo	F.-St.	1,5	1,7	—	2,1	2,5	3,0*	7,4	4,9	—	4,3	4,4	4,4
	W.-St.	1,1	1,2	0,8	1,4	—	—	5,1	4,6	3,7	3,4	3,4	3,3
Lahnhof	F.-St.	1,3	0,3	0,4	1,6	1,8	2,3	4,8	3,1	3,4	3,9	3,9*	3,5
	W.-St.	0,7	0,1	0,3	1,4	1,6	2,3	3,4	2,1	2,2	2,6	2,4	1,3
Hollerath	F.-St.	2,9	3,1	3,6	4,1	4,5	4,3	4,6	4,5	5,0	5,1	5,1	4,9
	W.-St.	2,3	2,3	2,2	2,7	3,7	3,2	3,7	3,1	3,5	3,7	4,4	3,9
St. Johann	F.-St.	5,2	2,4	2,5	2,8	3,1	3,3	8,3	5,3	5,5	5,7	5,5	5,4
	W.-St.	3,0	1,2	1,2	1,8	2,3	2,6	5,1	3,4	3,5	3,6	3,6	3,6
Hagenau	F.-St.	5,0	5,1	5,3	5,8	5,8	5,7	8,8	8,5	8,2	8,6	8,3	8,0
	W.-St.	5,4	5,3	5,5	5,7	5,6	—	8,1	7,8	7,7	7,6	7,3	—
Neumath	F.-St.	5,3	5,4	5,2	5,5	5,6	5,5	8,4	8,4	7,7	7,4	7,2	7,0
	W.-St.	4,8	4,8	4,6	5,0	4,9	4,9	7,2	6,9	6,5	6,7	6,5	6,3
Melkerei	F.-St.	3,4	2,1	1,7	2,2	2,2	2,8	7,4	5,6	6,0	5,6	4,7	4,6
	W.-St.	3,9	3,0	2,3	2,5	2,6	2,9	6,0	5,0	4,7	4,6	4,2	4,0

Anm. Die Gründe für die mehrfachen Unterbrechungen in der Beobachtung der Erdbodentemperatur sind in den Vorbemerkungen Seite 4 angegeben. Die Zahlenangaben sind ebenso wie bei der Beobachtung der Lufttemperatur nach dem mittleren Fehler der einzelnen Thermometer corrigirt worden.

Ein * bedeutet, dass die Beobachtungen innerhalb des betreffenden Monats nicht vollständig ausgeführt werden konnten. Welche Lücken dabei vorhanden waren ist in den Vorbemerkungen S. 4 u. 5 aufgeführt.

		Oberfläche	0,15	0,3	0,6	0,9	1,2	Oberfläche	0,15	0,3	0,6	0,9	1,2
				Mai						Juni			
Fritzen	F.-St.	11,1	8,7	10,1	8,4	7,0	5,8	16,2	14,6	14,9	13,5	12,2	11,0
	W.-St.	8,3	6,1	6,0	4,4	3,7	3,3	12,6	10,6	10,6	8,9	7,9	7,0
Kurwien	F.-St.	14,9	12,0	9,8	9,1	7,9	7,1	18,9	16,1	14,4	13,7	12,3	11,2
	W.-St.	10,3	9,2	6,9	5,5	4,8	4,4	14,2	12,1	11,5	9,9	8,9	8,1
Carlsberg	F.-St.	9,3	—	8,1	6,8	5,7	5,0	12,8	11,9	12,1	10,8	9,6	8,6
	W.-St.	6,1	5,4	4,6	3,0	2,6	2,2	11,4	10,5	9,9	8,7	7,3	6,2
Eberswalde	F.-St.	17,5	14,5	11,8	11,1	9,8	9,0	19,1	17,8	16,2	15,5	14,4	13,4
	W.-St.	13,6	11,0	9,4	7,8	7,0	6,5	16,6	14,4	13,1	11,5	10,4	9,6
Friedrichsrode	F.-St.	12,2*	11,1	10,4	9,0	7,6	6,5	16,3	15,1	14,3	13,1	11,6	10,1
	W.-St.	8,9	8,6	9,1	7,1	6,0	5,1	11,2	10,9	11,5	9,5	8,3	7,1
Sonnenberg	F.-St.	9,3	7,8	5,5	4,6	4,1	3,9	13,1	12,1	10,7	9,4	8,6	7,8
	W.-St.	4,1	3,0	—	1,9	2,0	—	9,2	8,4	8,8	8,0	6,2	5,6
Marienthal	F.-St.	12,8	11,7	10,5	9,2	7,9	7,1	16,9	15,9	14,5	13,3	11,8	10,5
	W.-St.	9,3	8,1	7,9	6,9	6,4	6,0	11,7	10,9	10,8	9,7	9,1	8,6
Hadersleben	F.-St.	12,3	8,3	7,8	6,9	6,2	5,6	15,1	12,9	12,6	11,5	10,6	9,6
	W.-St.	11,0	7,5	7,6	6,4	6,8	5,1	13,0	10,9	10,8	9,7	9,0	8,2
Schoo	F.-St.	14,4	10,7	9,8	8,3	7,6	7,0	18,4	14,7	13,7	12,2	11,3	10,4
	W.-St.	11,0	9,7	8,4	6,7	6,0	5,6	14,5	13,0	11,6	9,9	8,9	8,4
Lahnhof	F.-St.	11,8	8,3	8,2	7,6	6,7	6,0	13,9	11,8	12,0	11,0	10,1	9,1
	W.-St.	9,6	7,3	6,6	5,8	4,8	4,5	11,5	9,9	9,3	8,2	7,0	6,5
Hollerath	F.-St.	9,1	8,6	8,6	7,8	7,2	6,5	13,3	12,5	12,3	11,3	10,4	9,3
	W.-St.	8,8	6,6	6,7	5,7	5,8	4,9	12,1	9,6	9,8	8,5	8,2	7,0
St. Johann	F.-St.	12,3	8,8	9,0	8,5	7,8	7,4	15,3	12,9	13,2	12,2	11,0	10,3
	W.-St.	8,6	6,2	6,1	5,4	4,9	4,7	11,6	9,7	9,5	8,5	7,4	7,0
Hagenau	F.-St.	14,7	13,1	12,5	12,4	11,6	10,8	20,9	17,5	16,8	16,4	15,2	14,1
	W.-St.	12,3	11,4	10,8	10,0	9,2	—	16,8	15,4	14,7	13,2	12,1	—
Neumath	F.-St.	13,4	13,0	12,2	11,1	9,9	9,2	17,8	17,3	16,3	15,0	13,4	12,3
	W.-St.	10,1	9,7	9,4	8,9	8,3	8,0	13,4	13,2	12,7	12,2	11,2	10,4
Melkerei	F.-St.	12,7	9,4	9,8	8,6	6,9	6,5	16,6	13,6	13,7	12,2	9,9	9,1
	W.-St.	9,6	8,3	7,9	6,9	5,9	5,3	11,0	10,3	10,1	8,9	7,8	7,0

		Juli						August					
Fritzen	F.-St.	18,1	16,7	17,5	16,1	15,0	13,9	17,1	16,5	16,1	15,8	15,2	14,5
	W.-St.	14,9	12,8	13,2	11,3	10,1	9,2	14,0	12,7	13,1	11,9	10,9	10,2
Kurwien	F.-St.	21,0	18,2	16,4	15,9	14,6	13,5	18,5	16,2	14,8	15,0	14,3	13,8
	W.-St.	16,0	13,9	13,5	12,0	11,0	10,2	14,6	13,2	13,0	12,1	11,5	10,9
Carlsberg	F.-St.	16,7	15,1	15,1	13,8	12,6	11,4	15,2	14,2	13,7	13,7	13,2	12,5
	W.-St.	14,0	13,3	13,1	11,8	10,4	9,2	13,3	12,0	12,1	11,6	10,7	10,0
Eberswalde	F.-St.	22,6	20,9	18,8	18,3	17,4	16,3	19,0	17,8	16,8	17,1	16,7	16,2
	W.-St	19,0	17,0*	16,0	14,5	13,2	12,3	16,3	15,2	14,9	14,2	13,4	12,9
Friedrichsrode	F.-St.	19,2	17,8	17,2	16,0	14,5	12,8	15,5	14,9	14,4	14,6	14,1	13,2
	W.-St.	14,3	13,8	14,3	11,9	10,4	8,9	12,9	12,7	13,0	11,8	10,9	9,8
Sonnenberg	F.-St.	16,4	15,3	13,7	12,5	11,7	10,8	13,1	12,8	12,1	11,9	11,9	11,5
	W.-St.	12,5	11,5	11,8	10,6	9,0	8,1	10,3	10,0	—	—	—	—
Marienthal	F.-St.	19,6	19,1	17,6	16,6	15,1	13,6	16,3	16,5	15,4	15,6	15,1	14,3
	W.-St.	14,8	13,9	13,5	12,2	11,6	10,9	13,7	13,2	13,1	12,5	12,1	11,6
Hadersleben	F.-St.	18,4	—	14,6	13,7	12,8	12,0	15,8	14,1	13,6	13,4	12,9	12,4
	W.-St.	14,9	13,1	12,7	11,7	10,9	10,0	13,7	12,5	12,3	11,8	11,3	10,6
Schoo	F.-St.	20,0	16,4	16,2	14,6	13,7	12,8	14,6	14,2	14,4	13,9	13,6	13,2
	W.-St.	17,0	15,6	14,3	12,5	11,4	10,6	14,5	14,1	13,3	11,5	11,9	11,5
Lahnhof	F.-St.	17,3	14,8	15,0	13,7	12,6	11,4	14,5	13,9	14,6	14,0	13,5	12,7
	W.-St.	15,0	12,7	11,9	10,4	8,9	8,2	12,2	11,4	11,2	10,5	9,3	9,0
Hollerath	F.-St.	15,7	15,1	15,0	13,8	12,7	11,4	12,9	13,1	13,6	13,2	12,7	11,9
	W.-St.	15,5	12,6	12,6	11,0	10,3	8,9	12,3	11,2	12,0	11,2	10,9	9,8
St. Johann	F.-St.	19,6	16,2	16,5	15,6	14,4	13,5	15,4	14,9	15,2	15,1	14,6	14,0
	W.-St.	14,7	12,7	12,5	11,2	10,2	9,5	13,1	12,4	12,4	11,7	11,0	10,5
Hagenau	F.-St.	23,9	21,1	20,0	19,7	18,3	17,1	19,8	18,6	18,4	18,8	18,1	17,5
	W.-St.	19,5	18,1	17,4	15,6	14,3	13,5	17,0	16,6	16,5	15,5	14,5	13,8
Neumath	F.-St.	21,1	21,0	20,0	18,7	17,0	15,4	18,0	18,2	17,2	17,6	16,6	15,9
	W.-St.	16,3	16,1	15,6	15,0	13,9	12,9	15,3	15,2	15,1	14,8	14,3	13,6
Melkerei	F.-St.	20,9	16,8	16,9	15,4	13,1	11,9	17,2	15,3	15,2	14,8	13,4	12,8
	W.-St.	14,3	13,4	13,2	11,6	10,0	8,8	12,4	12,4	12,1	11,4	10,5	9,6

		Oberfläche	0,15	0,3	0,6	0,9	1,2	Oberfläche	0,15	0,3	0,6	0,9	1,2
		September						October					
Fritzen	F.-St.	13,7	13,4	13,4	13,9	13,9	13,7	5,9	6,2	6,0	7,3	8,2	9,0
	W.-St.	11,9	11,3	11,7	11,5	11,0	10,5	5,4	6,0	6,3	7,5	8,0	8,3
Kurwien	F.-St.	14,8	13,0	12,5	13,3	13,3	13,2	5,9	5,3	6,0	7,4	8,3	9,2
	W.-St.	12,6	11,7	11,4	11,4	11,3	10,9	6,1	5,8	6,1	7,4	8,1	8,4
Carlsberg	F.-St.	11,1	10,7	10,4	11,4	11,6	11,5	4,5	4,6	4,5	6,3	7,3	8,0
	W.-St.	9,2	9,4	8,6	9,1	9,2	9,2	3,9	4,3	3,3	4,5	5,4	6,0
Eberswalde	F.-St.	15,3	14,3	13,8	14,5	14,6	14,6	7,4	7,1	7,1	8,4	9,3	9,9
	W.-St.	13,4	12,7	12,9	13,0	12,7	12,5	6,4	6,3	7,3	8,6	9,3	9,9
Friedrichsrode	F.-St.	11,9	11,8	11,1	12,2	12,4	12,1	4,7	5,2	4,9	7,2	8,3	8,9
	W.-St.	10,5	10,6	10,8	10,6	10,3	9,6	5,1	5,3	5,5	7,0	7,9	7,9
Sonnenberg	F.-St.	10,5	10,6	9,8	10,2	10,6	10,5	3,6	4,6*	3,3	4,8	6,0	6,7
	W.-St.	8,2	8,2	8,3	8,4*	8,3	8,1	2,0	2,5	2,7	3,7	4,6	5,0
Marienthal	F.-St.	13,1	13,6	13,1	13,7	13,7	13,5	6,2	7,2	7,1	8,6	9,7	10,5
	W.-St.	11,8	11,6	11,9	11,7	11,6	11,3	6,2	6,5	7,5	8,3	8,7	9,0
Hadersleben	F.-St.	12,8	12,2	12,3	12,4	12,4	12,1	6,3	6,6	7,6	8,7	9,4	9,7
	W.-St.	12,1	11,7	11,6	11,5	11,2	10,7	6,8	7,5	7,4	8,3	8,8	8,9
Schoo	F.-St.	12,2	12,7	12,6	12,9	12,9	12,7	6,5	7,9	7,9	9,2	9,9	10,3
	W.-St.	12,6	12,4	12,0	11,9	11,7	11,4	6,9	7,4	7,1	8,6	9,3	9,5
Lahnhof	F.-St.	10,7	10,6	11,1	11,1	11,2	11,0	3,4	4,5	5,2	6,6	7,6	8,2
	W.-St.	9,9	9,5	9,6	9,5	9,0	8,9	3,4	4,1	4,8	6,3	6,7	7,3
Hollerath	F.-St.	10,6	11,0	11,5	11,5	11,5	11,1	4,8	5,5	6,8	8,1	8,8	9,0
	W.-St.	10,0	9,7	10,4	10,2	10,3	9,5	3,4	4,7	5,7	6,9	8,1	7,8
St. Johann	F.-St.	10,0	11,9	12,1	12,9	13,1	12,8	3,6	5,8	6,1	8,2	9,5	9,9
	W.-St.	9,3	9,7	9,9	10,1	9,9	9,8	2,9	4,0	5,2	6,6	7,2	7,5
Hagenau	F.-St.	14,6	14,0	14,3	15,3	15,5	15,5	6,9	6,8	7,7	9,5	10,8	11,7
	W.-St.	13,2	13,2	13,5	13,7	13,4	13,1	6,9	7,4	7,9	9,6	10,2	10,6
Neumath	F.-St.	14,2	14,3	14,1	14,8	14,5	14,4	7,5	8,0	8,4	9,3	10,3	11,1
	W.-St.	12,1	12,1	12,0	12,7	12,7	12,5	6,5	6,7	7,1	8,4	9,2	9,7
Melkerei	F.-St.	12,6	12,0	11,8	12,4	12,0	12,1	6,0	6,9	6,0	8,1	9,0	9,9
	W.-St.	9,3	9,5	9,4	9,6	9,4	9,2	3,7	4,4	4,3	5,9	6,9	7,5

		November						December					
Fritzen	F.-St.	3,9	3,9	3,5	4,2	4,9	5,6	0,5	0,9	0,5	1,6	2,6	3,4
	W.-St.	3,8	4,1	4,2	5,1	5,7	6,2	0,6	1,4	1,8	3,2	4,1	4,8
Kurwien	F.-St.	2,8	3,0	3,8	4,7	5,5	6,5	— 0,6	0,3	1,0	2,3	3,3	4,5
	W.-St.	4,0	4,2	4,3	5,3	6,0	6,4	0,8	1,4	1,7	3,3	4,4	4,9
Carlsberg	F.-St.	2,2	2,0	1,6	3,0	3,9	4,8	0,6	0,8	0,6	1,9	2,8	3,6
	W.-St.	1,7	1,9	0,8	1,8	2,8	3,5	0,8	1,0	0,5	1,4	2,2	2,7
Eberswalde	F.-St.	4,9	4,7	4,8	5,5	6,2	6,7	1,5	1,8	2,1	3,3	4,2	4,9
	W.-St.	5,2	4,9	5,5	6,3	6,9	7,5	1,9	1,9	2,9	4,3	5,3	6,1
Friedrichsrode	F.-St.	4,1	4,0	4,1	5,2	5,9	6,3	1,2	1,3	1,7	3,4	4,5	5,1
	W.-St.	4,7	4,6	4,8	5,4	6,1	6,2	2,1	2,3	2,8	4,1	5,1	5,3
Sonnenberg	F.-St.	3,1	3,6	2,7	3,2	3,8	4,2	0,6	0,9	0,9	1,8	2,7	3,2
	W -St.	2,6	2,7	2,4	2,8	3,2	3,6	0,3	0,8	0,9	2,1	2,6	3,1
Marienthal	F.-St.	5,1	5,5	5,3	6,3	6,8	7,5	1,9	2,7	2,6	4,0	5,0	6,0
	W.-St.	5,7	5,5	6,2	6,6	6,7	7,1	2,9	3,1	4,1	5,0	5,4	5,9
Hadersleben	F.-St.	5,1	4,9	5,4	6,0	6,7	7,0	2,5	2,9	3,6	4,6	5,4	5,9
	W.-St.	5,6	5,6	5,5	6,1	6,6	6,9	2,9	3,6	3,5	4,6	5,4	5,8
Schoo	F.-St.	5,3	6,4	6,5	6,9	7,5	7,9	1,9	3,5	3,4	4,8	5,6	6,3
	W.-St.	6,2	6,5	6,2	6,8	7,4	7,6	2,8	3,4	3,2	4,9	5,9	6,2
Lahnhof	F.-St.	4,6	4,2	4,3	4,8	5,5	6,0	0,5	1,6	2,0	3,2	4,2	4,8
	W.-St.	4,8	4,3	4,4	5,2	5,2	5,8	0,6	1,4	2,2	4,6	4,2	4,9
Hollerath	F.-St.	5,4	5,5	5,9	6,5	7,0	7,1	1,2	1,9	2,8	4,3	5,3	5,7
	W.-St.	5,3	5,2	5,5	5,8	6,6	6,3	0,5	1,9	2,8	4,1	5,5	5,4
St. Johann	F.-St.	5,0	4,6	5,0	5,7	7,0	7,3	— 1,0	1,7	2,1	3,7	5,3	5,7
	W.-St.	4,6	4,3	4,4	5,0	5,4	5,7	— 1,0	2,0	2,3	3,5	4,4	4,9
Hagenau	F.-St.	6,2	5,9	6,3	7,5	8,3	9,1	2,4	2,7	3,6	5,3	6,6	7,5
	W.-St.	6,2	6,4	7,0	7,9	8,4	8,7	2,7	3,5	4,6	6,1	7,0	7,5
Neumath	F.-St.	7,1	7,2	7,9	7,4	8,0	8,5	—	3,3	4,0	4,5	5,7	6,7
	W.-St.	6,3	6,3	7,2	7,0	7,4	7,7	2,8	3,1	—	—	5,8	6,4
Melkerei	F.-St.	5,0	5,1	4,7	6,0	6,6	7,6	1,3	2,5	1,7	3,7	4,8	6,0
	W.-St.	4,8	4,8	4,5	5,1	5,6	6,0	1,1	1,8	1,7	3,3	4,3	5,0

Tafel

Mittlere Jahrestemperatur des Erdbodens an der Oberfläche und in den Tiefen von
konnte, verglichen mit der Lufttem-

Ein * bedeutet, dass ein Monatsmittel fehlte. Dasselbe wurde durch Interpolation bestimmt und wurde
unbe-

| | Lufttemperatur 1,5 Mtr. hoch | | | Jahres- Erdboden- | | | | | |
| | | | | Oberfläche | | | 0,15 Mtr. tief | | |
	Im Freien	Im Walde	Diff.	Im Freien	Im Walde	Diff.	Im Freien	Im Walde	Diff.
Fritzen	7,2	6,4	—0,8	7,2	5,9	—1,3	6,5	5,4	—1,1
Kurwien	7,1	6,7	—0,4	7,9	6,6	—1,3	6,9	6,0	—1,9
Carlsberg	5,1	4,0	—1,1	6,0	5,0	—1,0	4,8*	4,8	0,0
Eberswalde	8,7	8,0	—0,7	9,5	8,0	—1,5	8,6	—	—
Friedrichsrode	7,3	6,5	—0,8	7,4	6,1	—1,3	7,0	6,0	—1,0
Sonnenberg	4,9	4,0	—0,9	5,9	4,0	—1,9	5,5*	3,8	—1,7
Marienthal	8,8	8,1	—0,7	8,1	6,7	—1,4	8,1	6,4	—1,7
Hadersleben	7,4	7,3	—0,1	7,7	6,9	—0,8	6,4*	6,2	—0,2
Schoo	8,6	8,0	—0,6	8,5	7,7	—0,8	7,9	7,4	—0,5
Lahnhof	6,9	6,1	—0,8	6,6	5,7	—0,9	6,0	5,2	—0,8
Hollerath	7,4	6,6	—0,8	6,8	6,1	—0,7	6,9	5,6	—1,3
St. Johann	6,9	5,9	—1,0	7,5	5,7	—1,8	7,0	5,4	—1,6
Hagenau	11,1	9,9	—1,2	10,3	9,1	—1,2	9,5	9,0	—0,5
Neumath	10,2	9,4	—0,8	9,7*	8,1	—1,6	10,0	8,0	—2,0
Melkerei	7,6	6,5	—1,1	8,6	6,4	—2,2	7,5	6,2	—1,3

Anm.: Alle Zahlen sind die Mittel aus der Morgen- und Mittagsbeobachtung. In der Rubrik „Dif-
als im Freien ist. Hat eine der beiden Zahlen, zwischen denen die Differenz genommen werden soll, das
m Freien, als auch im Walde beobachtet wurde.

XIII.

0,15; 0,3; 0,6; 0,9 und 1,2 Mtr., soweit sie aus den Beobachtungen bestimmt werden
peratur, in Graden der Centesimal-Scala.

dann bei Berechnung des Jahresmittels berücksichtigt. Bei grösseren Lücken blieb das Jahresmittel
rechnet.

Mittel der

Temperaturen

0,3 Mtr. tief			0,6 Mtr. tief			0,9 Mtr. tief			1,2 Mtr. tief		
Im Freien	Im Walde	Diff.	Im Freien	Im Walde	Diff.	Im Freien	Im Walde	Diff.	Im Freien	Im Walde	Diff.
6,8	5,6	—1,2	6,9	5,6	—1,3	6,9	5,7	—1,2	6,9	5,7	—1,2
6,4	5,7	—0,7	7,0	5,9	—1,1	7,1	6,1	—1,0	7,4	6,1	—1,3
5,5*	4,1	—1,4	5,8	4,3	—1,5	6,0	4,5	—1,5	6,1	4,5	—1,6
7,7	7,1	—0,6	8,1	7,4	—0,7	8,3	7,4	—0,9	8,3	7,5	—0,8
6,6	6,2	—0,4	7,1	6,2	—0,9	7,3	6,3	—1,0	7,1	6,0	—1,1
4,8*	—	—	5,2*	—	—	—	4,3*	—	—	—	—
—	6,8	—	—	6,8	—	—	6,8*	—	—	6,8*	—
6,5	6,1	—0,4	6,8	6,2	—0,6	7,0	6,5	—0,5	7,0	6,3	—0,7
—	6,8	—	7,8	6,8	—1,0	7,9	—	—	7,9*	—	—
6,4	5,2	—1,2	6,8	5,7	—1,1	6,8*	5,3	—1,5	6,8	5,4	—1,4
7,4	6,1	—1,3	7,7	6,1	—1,6	7,8	6,8	—1,0	7,4	6,1	—1,3
7,3	6,1*	—1,2	7,8	5,9	—1,9	8,1	5,9	—2,2	8,1	6,0	—2,1
9,6	9,1	—0,5	10,3	9,4	—0,9	10,5	9,2	—1,3	10,5	—	—
—	—	—	9,6	—	—	9,5	8,4	—1,1	—	8,3	—
7,3	5,9	—1,4	7,7	6,1	—1,6	7,3	6,0	—1,3	7,6	6,0	—1,6

ferenz" drückt — oder + aus, um wieviel Grade die Temperatur im Walde tiefer (—) oder höher (+)
Zeichen *, so sind bei der Bestimmung derselben nur diejenigen Monate berücksichtigt, in welchen sowohl

Tafel

Maxima der Erdboden-Temperaturen an der Oberfläche und in den Tiefen von 0,15;

		Oberfläche			0,15 Mtr. tief			0,3 Mtr. tief	
		Im Freien	Im Walde	Diff.	Im Freien	Im Walde	Diff.	Im Freien	Im Walde
Fritzen	Datum	16.VII	16.VII		6.VIII	10. IX		21.VII	21.VII
	Grade	21,3	17,9	—3,4	19,8	15,4	—4,4	20,5	16,0
Kurwien	Datum	7.VI	21.VII		21.VII	21.VII		21.VII	21.VII
	Grade	28,5	19,5	—9,0	21,2	16,5	—4,7	19,0	15,8
Carlsberg	Datum	21.VII	1.VIII		20.VII	21.VII		21.VII	21.VII
	Grade	21,1	16,8	—4,3	18,7	15,7	—3,0	18,7	16,3
Eberswalde[1]	Datum	20.VII	20.VII		20.VII	—		20.VII	21.VII
	Grade	30,9	24,8	—6,1	26,2	—	—	21,9	18,7
Friedrichsrode	Datum	20.VII	20.VII		20.VII	20.VII		20.VII	20.VII
	Grade	24,4	17,9	—6,5	21,7	17,0	—4,7	21.4	17,7
Sonnenberg[2]	Datum	20.VII	20.VII		20.VII	20.VII		20.VII	20.VII
	Grade	21,9	17,6	—4,3	19,3	15,2	—4,1	17,2	16,3
Marienthal	Datum	20.VII	20.VII		20.VII	20.VII		20.VII	21.VII
	Grade	24,8	18,8	—6,0	22,9	16,8	—6,1	21,2	15,6
Hadersleben[3]	Datum	19.20.VII	20.VII		19.VII	20.VII		20.21.VII	16.20.VII / 6.VIII
	Grade	21,7	18,5	—3,2	18,0	14,9	—3,1	16,1	14,3
Schoo	Datum	5.VII	15.VII		20.VII	20.VII		20.VII	20.VII
	Grade	27,5	21,2	—6,3	18,7	18,9	0,2	19,1	17,3
Lahnhof	Datum	19.VII	20.VII		20.VII	20.VII		20.VII	20.VII
	Grade	24,0	21,0	—3,0	18,6	16,7	—1,9	17,9	14,7
Hollerath	Datum	19.VII	19.VII		20.VII	19.VII		20.21.VII	20.21.VII
	Grade	20,2	23,0	2,8	18,4	16,1	—2,3	17,6	15,1
St. Johann	Datum	19.VII	19.VII		20.VII	21.VII		21.VII	21.VII
	Grade	28,1	20,3	—7,8	19,2	15,3	—3,9	19,5	14,8
Hagenau[4]	Datum	20.VII	20.VII		20.VII	20.VII		20.VII	21.VII
	Grade	30,5	23,9	—6,6	26,8	21,6	—5,2	24,1	20,7
Neumath	Datum	20.VII	20.VII		20.VII	20.VII		20.VII	20.VII
	Grade	25,0	19,6	—5,4	24,3	19,0	—5,3	24,0	18,1
Melkerei	Datum	20.VII	20.VII		20.VII	20.VII		20.VII	20.VII
	Grade	26,3	19,3	—7,0	19,4	17,2	—2,2	20,0	16,5

Anm. Die angegebenen Temperaturen sind die Mittelwerthe aus der Morgen- und Nachmittag-

[1] In Eberswalde fielen die Beobachtungen im Walde für 0,15 m Tiefe vom 20. bis 28. Juli aus.
[2] In Sonnenberg fielen die Beobachtungen im Walde für 0,3, 0,9 und 1,2 m Tiefe vom 27. bis
[3] In Hadersleben fielen die Beobachtungen im Freien für 0,15 m Tiefe vom 2. bis 16. Juli aus.
[4] In Hagenau fielen die Beobachtungen im Walde für 1,2 m Tiefe vom 1. Juni bis 6. Juli aus.

XIV.

0,3; 0,6; 0,9; und 1,2 Mtr. im Freien und im Walde in Graden der Centesimal-Scala.

Diff.	0,6 Mtr. tief		Diff.	0,9 Mtr. tief		Diff.	1,2 Mtr. tief		Diff.
	Im Freien	Im Walde		Im Freien	Im Walde		Im Freien	Im Walde	
—4,5	26.VII 17,7	10. 11. IX 13,0	—4,7	27.VII 16,1	11. IX 11,9	—4,2	12.VIII 15,1	12.-17. IX 11,0	—4,1
—3,2	22. 27.VII 17,2	22.VII 13,1	—4,1	27. 28.VII 15,6	13. 14. IX 12,1	—3,5	28. 29.VII 14,5	14. 15. IX 11,5	—3,0
—2,4	22.VII 15,4	22.VII 13,8	—1,6	9.-11. VIII 13,8	22. 23.VII 11,5	—2,3	11. 12. VIII 12,9	9.-13.VIII 10,2	—2,7
—3,2	21.VII 20,4	21.VII 15,9	—4,5	22.VII 18,7	22.VII 14,1	—4,6	22. 23.VII 17,5	11.-12.VIII 13,3	—4,2
—3,7	21.VII 17,9	21. 22.VII 13,2	—4,7	22.VII 15,6	9.-12.VIII 11,3	—4,3	23.-25.27.VII 10.-12.VIII 13,7	13.-17.VIII 10,0	—3,7
—0,9	21.VII 14,3	22.VII 11,7	—2,6	9.-11.VIII 12,9	22.VII 10,1	—2,8	11. VIII 12,3	12.VIII 9,2	—3,1
—5,6	21.VII 18,3	21.VII 13,3	—5,0	22.-26.VII 16,1	8.-11.VIII 12,6	—3,5	11. 12. VIII 14,8	8.-10.12.VIII 11,9	—2,9
—1,8	21.VII 14,8	21.VII 10.VIII 12,7	—2,1	22. 23.VII 13,6	9.-11.VIII 11,8	—1,8	10.-13.VIII 12,7	12. 13. IX 11,1	—1,6
—1,8	21.VII 15,9	21.VII 13,8	—2,1	22.VII 14,5	7.-10.VIII 12,4	—2,1	10. 11. VIII 13,6	8.-12.VIII 12.-14. IX 11,7	—1,9
—3,2	21.VII 15,6	21.VII 11,7	—3,9	22.VII 13,9	8.-11.VIII 10,0	—3,9	10. 11. VIII 12,6	11. 12. VIII 9,3	—3,3
—2,5	21. 22.VII 15,4	22.VII 12,3	—3,1	22. 23.VII 13,7	8.-10.12.VIII 11,3	—2,4	10.-13.VIII 12,3	17.VIII 10,2	—2,1
—4,7	22.VII 17,1	22.VII 12,7	—4,4	23.VII 15,3	23.-27. VII 11,1	—4,2	24. 26.VII 14,3	24.-27.29.VII 10,3	—4,0
—3,4	21.VII 22,9	21.VII 17,2	—5,7	22.VII 20,3	22.VII 15,2	—5,1	22.VII 18,6	9.-11.VIII 14,1	—4,5
—5,9	20. 21.VII 20,5	21.VII 16,9	—3,6	21.-23.VII 18,1	22.VII 15,3	—2,8	9.-12.VIII 16,5	24.VII 10.-14.VIII 14,0	—2,5
—3,5	21.VII 17,0	21.VII 13,4	—3,6	10. VIII 14,2	10. VIII 11,3	—2,9	11.VIII 13,2	11. 12. VIII 9,9	—3,3

beobachtung.

31. August und für 0,6 m Tiefe vom 27. August bis 6. September aus.

Tafel

Minima der Erdboden-Temperatur an der Oberfläche und in den Tiefen von 0,15;

		Oberfläche			0,15 Mtr. tief			0,3 Mtr. tief	
		Im Freien	Im Walde	Diff.	Im Freien	Im Walde	Diff.	Im Freien	Im Walde
Fritzen	Datum	7. III	6. III		7. III	7. III		7. III	7. III
	Grade	— 4,2	— 1,7	2,5	— 5,1	— 0,8	4,3	— 3,1	— 2,2
Kurwien	Datum	27. I	27. I		27. I	27. I		27. 28. I	27. I
	Grade	— 9,8	— 4,5	5,3	— 5,6	— 1,9	3,7	— 4,0	— 2,5
Oarlsberg[1]	Datum	16. I	26. I		26. I	5. III		16. I	26. I
	Grade	— 2,6	— 1,6	1,0	— 4,5	— 0,9	3,6	— 4,7	— 3,5
Eberswalde[2]	Datum	16. I	27. I		27. I	27. I		27. I	27. I
	Grade	— 7,3	— 8,1	—0,8	— 6,6	— 5,9	0,7	— 6,4	— 3,4
Friedrichsr.[3]	Datum	26. I	26. I		26. I	26. I		26. I	26. I
	Grade	— 7,0	— 4,7	2,3	— 5,3	— 3,6	1,7	— 6,8	— 5,5
Sonnenberg[4]	Datum	26. I	26. 27. I		26. I	26. 27. I		26. 27. I	24.-27. I
	Grade	— 2,6	— 2,5	0,1	— 2,1	— 2,1	0,0	— 2,6	— 2,5
Marienthal[5]	Datum	26. I	26. I		25. I	27. I		—	27. I
	Grade	— 3,4	— 1,5	1,9	— 1,8	— 0,9	0,9	—	0,0
Hadersleben	Datum	26. I	26. I		27. I	27. I; 5. III		5. III	27. I; 5. III
	Grade	— 4,7	— 3,7	1,0	— 2,3	— 0,5	1,8	— 1,6	— 1,8
Schoo[6]	Datum	5. III	5. III		19. II	27. I; 5. III		6. III	28. I
	Grade	— 3,2	— 1,8	1,4	— 0,4	— 0,4	0,0	0,2	— 0,3
Lahnhof[7]	Datum	10. I	15. I		25. I	26. I		26. I	26. 27. I
	Grade	— 5,0	— 5,8	—0,8	— 2,3	— 1,7	0,6	— 0,9	— 0,7
Hollerath	Datum	25. I	15. I		25.-27. I	25. I		26.-29. I	26. 27. I
	Grade	— 1,3	— 4,4	—3,1	— 0,1	— 1,8	—1,7	0,1	— 0,2
St. Johann	Datum	22. I	22. I		23. 24. I	24.-26. I		24. I	31. I; 1. II
	Grade	— 16,5	— 12,4	4,1	— 1,8	— 1,8	0,0	— 1,3	— 0,1
Hagenau[8]	Datum	16. I	16. I		16. 22. I	16. 25. I		25. I	27. 29. I
	Grade	— 4,6	— 1,8	2,8	— 3,6	— 0,4	3,2	— 2,8?	0,5
Neumath[9]	Datum	16. I	16. I		26.-28. I	26.-30. I		25. 26. I?	27. I?
	Grade	— 2,9	0,0	2,9	0,5	0,1	—0,4	— 0,8	— 0,6
Melkerei	Datum	22. I	22. I		22. 25. I	23. I		25. I	25. I
	Grade	— 1,5	— 1,6	—0,1	0,0	— 0,7	—0,7	— 0,7	— 0,4

Anm.   Die angegebenen Temperaturen sind die Mittelwerthe aus der Morgen- und Nachmittag-beobachtung.

Die Beobachtungen fielen aus:

[1]) In Eberswalde im Walde für 0,15 m Tiefe vom 8. Februar bis 1. April.

[2]) In Sonnenberg im Freien für 0,15 m Tiefe vom 22. October bis 5. November, für 0,9 m Tiefe vom 1. Februar bis 30. April, für 1,2 m Tiefe vom 1. Februar bis 2. Mai; im Walde für 1,2 m Tiefe vom 4. Februar bis 7. Mai.

[3]) In Marienthal im Freien für 0,3 m Tiefe vom 22. Januar bis 18. März, für 0,6 m Tiefe vom 15. Januar bis 18. März, für 0,9 m Tiefe vom 9. Januar bis 19. März, für 1,2 m Tiefe vom 9. Januar bis 20. März; im Walde für 0,9 m Tiefe vom 16. bis 31. Januar, den 7., 15., 17. Februar und vom 26. Februar bis 8. März und für 1,2 m Tiefe vom 16. Januar bis 10. Februar, den 15., 17. Februar und vom 26. Februar bis 10. März.

XV.

0,3; 0,6; 0,9 und 1,2 Mtr. im Freien und im Walde in Graden der Centesimal-Scala.

	0,6 Mtr. tief			0,9 Mtr. tief			1,2 Mtr. tief		
Diff.	Im Freien	Im Walde	Diff.	Im Freien	Im Walde	Diff.	Im Freien	Im Walde	Diff.
0,9	8. III — 1,1	8.-11. III 0,3	1,4	19. III 0,4	12.-18. 20.-25.} IV 1,0	0,6	30. III-15. IV 0,8	10.-16. IV 19. IV-4.V 1,6	0,8
1,5	8. III — 0,9	6.-10.16. III 0,4	1,3	6.-11. III 0,6	8.14. III- 7.IV 1,2	0,6	6 -25.27 III 1,7	I.-7.IV 1,5	—0,2
1,2	27-31.I 25.II- 1.6.-8 III — 0,2	5. 6. III — 0,5	—0,3	10.-16. III 0,6	13.-17.21.III- 10. V 0,4	—0,2	11.-16.} 22.-24.} III 1,3	20.-24.} 28.-30.} IV 0,6	—0,7
3,0	28. I — 2,2	10. III 0,8	3,0	29.-30. I 7.-10. III 0,2	11.-15. III 1,4	1,2	9.11.-14. III 0,9	13.-18. III 2,1	1,2
1,3	28.29. I — 0,2	31. I 0,3	0,5	10. III 0,7	9. 10. III 1,7	1,0	10. III 1,4	12 14.} 19.-22.} III 2,1	0,7
0,1	31. I - 6. II — 0,1	29. I-15 II 0,2	0,3	— —	5.-8. II 1,2	—	— —	— —	—
—	— —	5.-8. III 1,0	—	— —	20.-23.} 25.-28.} II 10. III 1,5	—	— —	11.12.15.III? 1,9	—
—0,2	6.-17. III 0,5	6.-9.13. III 0,4	—0,1	13.-16. III 1,2	21.22. III 1,1	—0,1	13.-16. III 1,7	19.-21. III 1,6	—0,1
—0,5	9. 10. III 0,9	9. III 0,8	—0,1	10. III 1,6	— —	—	11. III 2,2	— —	—
0,2	8.9.12.} 14.} III 1,3	9.-14.25. III 1,3	0,0	4.10.-15. III 1,6	11.-13. III 1,4	—0,2	11.-16. III 2,1	10.-14. III 2,1	0,0
—0,3	27.-29. I 1,7	11. 12. II 1,3	—0,4	29. I 2,8	11. 12. II 2,7	—0,1	30. I. 3,1	6. III 2,2	—0,9
1,2	18. II 1,2	30. I-6. II 1,0	—0,2	7. III 2,1	8. 9. III 1,8	—0,3	7.8. III 2,5	5. III 2,3	—0,2
3,3	28. I 0,5	2. II 2,6	2,1	27.-29. I 2,3	3.-7. II 3,5	1,2	5. II 3,3	4.-9. II? 4,1	0,8
0,2	29. I 0,2	— —	—	29. I 0,7	6.-10. II 2,1	1,4	— —	5.-7.10. II 2,7	—
0,3	9. 11. III 1,2	6. III 1,1	—0,1	8.-13. III 1,6	6. III 1,7	0,1	11.-13. III 2,4	6.-8. III 2,4	0,0

4) In Schoo im Freien für 1,2 m Tiefe vom 18. Januar bis 2. Februar, vom 13. bis 22. Februar und vom 1. bis 8. März; im Walde für 0,9 m Tiefe vom 18. bis 30. Januar und vom 13. Februar bis 20. März, für 1,2 m Tiefe vom 18. Januar bis 5. Februar und vom 13. Februar bis 20. März.

5) In Lahnhof im Freien für 0,9 m Tiefe vom 4. bis 27. April.

6) In Hagenau im Walde für 1,2 m Tiefe vom 22. Februar bis 31. Mai.

7) In Neumath im Freien für die Oberfläche vom 6. bis 31. December, für 0,3 m Tiefe vom 28. Januar bis 4. Februar und für 1,2 m Tiefe vom 28. Januar bis 4. Februar; im Walde für 0,3 und 0,6 m Tiefe vom 28. Januar bis 11. Februar und vom 6. bis 31. December.

Tafel

Unterschiede zwischen der höchsten und niedrigsten Bodentemperatur an der
und im Walde in Graden

	Oberfläche			0,15 Mtr. tief			0,3 Mtr.	
	Im Freien	Im Walde	Diff.	Im Freien	Im Walde	Diff.	Im Freien	Im Walde
Fritzen	25,5	19,6	— 5,9	24,9	16,2	— 8,7	23,6	18,2
Kurwien	38,3	24,0	—14,3	26,8	18,4	— 8,4	23,0	18,3
Carlsberg	23,7	18,4	— 5,3	23,2	16,6	— 6,6	23,4	19,8
Eberswalde	38,2	32,9	— 5,3	32,8	—	—	28,3	22,1
Friedrichsrode	31,4	22,6	— 8,8	27,0	20,6	— 6,4	28,2	23,2
Sonnenberg	24,5	20,1	— 4,4	21,4	17,3	— 4,1	19,8	18,8
Marienthal	28,2	20,3	— 7,9	24,7	17,7	— 7,0	—	15,6
Hadersleben	26,4	22,2	— 4,2	20,3	15,4	— 4,9	17,7	16,1
Schoo	30,7	23,0	— 7,7	19,1	19,3	0,2	18,9	17,6
Lahnhof	29,0	26,8	— 2,2	20,9	18,4	— 2,5	18,8	15,4
Hollerath	21,5	27,4	— 5,9	18,5	17,9	— 0,6	17,5	15,3
St. Johann	44,6	32,7	—11,9	21,0	17,1	— 4,0	20,8	14,9
Hagenau	35,1	25,7	— 9,4	30,4	22,0	— 8,4	26,9	20,2
Neumath	27,9	19,6	— 8,3	23,8	18,9	— 4,9	24,8	18,7
Melkerei	27,8	20,9	— 6,9	19,4	17,9	— 1,5	20,7	16,9

Anm. Welche Lücken bei den Beobachtungen der Erdbodentemperaturen vorhanden waren, ist

XVI.

Oberfläche und in den Tiefen von 0,15; 0,3; 0,6; 0,9 und 1,2 Mtr. im Freien
der Centesimal-Scala.

tief		0,6 Mtr. tief			0,9 Mtr. tief			1,2 Mtr. tief		
	Diff.	Im Freien	Im Walde	Diff.	Im Freien	Im Walde	Diff.	Im Freien	Im Walde	Diff.
	— 5,4	18,8	12,7	— 6,1	15,7	10,9	— 4,8	14,3	9,4	— 4,9
	— 4,7	18,1	12,7	— 5,4	15,0	10,9	— 4,1	12,8	10,0	— 2,8
	— 3,6	15,6	14,3	— 1,3	13,2	11,1	— 2,1	11,6	9,6	— 2,0
	— 6,2	22,6	15,1	— 7,5	18,5	12,7	— 5,8	16,6	11,2	— 5,4
	— 5,0	18,1	12,9	— 5,2	14,9	9,6	— 5,3	12,3	7,9	— 4,4
	— 1,0	14,4	11,5	— 2,9	—	8,9	—	—	—	—
	—	—	12,3	—	—	11,1	—	—	10,0	—
	— 1,6	14,3	12,3	— 2,0	12,4	10,7	— 1,7	11,0	9,5	— 1,5
	— 1,3	15,0	13,0	— 2,0	12,9	—	—	11,4	—	—
	— 3,4	14,3	10,4	— 3,9	12,3	8,6	— 3,7	10,5	7,2	— 3,3
	— 2,2	13,7	11,0	— 2,7	10,9	8,6	— 2,3	9,2	8,0	— 1,2
	— 5,9	15,9	11,7	— 4,2	13,2	9,3	— 3,9	11,8	8,0	— 3,8
	— 6,7	22,4	14,6	— 7,8	18,0	11,7	— 6,3	15,3	10,0	— 5,3
	— 6,1	20,3	—	—	17,4	13,2	— 4,2	—	11,3	—
	— 3,8	15,8	12,3	— 3,5	12,6	9,6	— 3,0	10,8	7,5	— 3,3

in den Vorbemerkungen auf S. 4 u. 5 angegeben.

4. Der Feuchtigkeitsgehalt der Luft im Freien und

Tafel

Mittlere absolute Feuchtigkeit der Luft in den einzelnen Monaten im
als Höhe des

Ein * bedeutet, dass die Beobachtungen innerhalb der betreffenden Zeit nicht vollständig ausgeführt

a) Mor-

In St. Johann fanden die Beobachtungen im Winter (October bis

| | Im Freien 1,5 Mtr. hoch | Im Walde | | Im Freien 1,5 Mtr. hoch | Im Walde | | Im Freien 1,5 Mtr. hoch | Im |
		1,5 Mtr. hoch	Baumkrone		1,5 Mtr. hoch	Baumkrone		1,5 Mtr. hoch
	Januar			Februar			März	
Fritzen	2,5	2,6	2,6	3,2	3,3	3,3	3,6	3,6
Kurwien	1,9	2,0	2,0	2,9	3,0	2,9	3,5	3,4
Carlsberg	2,2	2,3	2,3	3,0	3,1	3,2	3,7	3,7
Eberswalde	2,6	2,7	2,7	3,6	3,7	3,6	4,3	4,4
Friedrichsrode	2,5	2,6	2,7	3,7	3,7	3,7	4,5	4,4
Sonnenberg	2,1	2,2	2,2	2,8	3,0	3,0	3,3	3,4
Marienthal	2,7	2,8	2,7	3,7	3,8	3,8	4,6	4,6
Hadersleben	3,2	3,2	3,3	3,5	3,5	3,5	3,9	3,9
Schoo	3,2	3,3	3,2	4,1	4,1	4,0	4,6	4,6
Lahnhof	2,5	2,6	2,7	3,5	3,8	3,8	4,2	4,3
Hollerath	2,9	3,0	3,0	4,4	4,4	4,5	4,8	4,8
St. Johann	2,7	2,7	2,8	3,9	4,0	3,9	4,5	4,3
Hagenau	3,0	3,1	3,2	4,5	4,7	4,7	5,3	5,2
Neumath	3,1	3,1	3,1	4,7	4,8	4,8	5,0	5,0
Melkerei	2,7	2,8	2,8	4,2	4,4	4,5	4,3	4,4
	Juli			August			September	
Fritzen	11,1	11,1	10,9	10,8	10,6	10,7	9,8	9,6
Kurwien	10,8	11,2	10,9	10,3	10,4	10,2	8,9	9,1
Carlsberg	10,4	10,6	10,4	9,6	9,6	9,7	7,7	7,5
Eberswalde	12,7	12,1	11,6	10,9	10,7	10,3	9,1	9,1
Friedrichsrode	14,4	12,8	12,3	10,4	10,3	10,3	8,8	8,7
Sonnenberg	9,8	9,4	9,6	8,8	8,7	8,7	7,6	7,5
Marienthal	13,3	12,4	12,3	11,4	11,1	11,1	9,3	9,3
Hadersleben	11,1	10,9	11,6	10,5	10,3	10,8	9,5	9,4
Schoo	12,1	12,4	13,0	9,4	11,0	10,9	8,6	9,9
Lahnhof	11,0	10,1	10,1	9,5	9,2	9,4	7,9	8,3
Hollerath	10,7	10,6	10,3	9,8	9,8	9,6	8,4	8,5
St. Johann	11,1	10,6	10,3	10,0	9,9	9,7	8,0	7,9
Hagenau	13,1	13,0	12,5	11,9	12,1	11,8	9,9	9,6
Neumath	11,1	12,0	12,6	10,9	11,4	11,9	9,2	9,4
Melkerei	10,5	9,9	9,8	9,9	9,6	9,6	7,6	7,7

im Walde 1,5 Mtr. hoch und in der Baumkrone.

XVII.

Freien und im Walde 1,5 Mtr. hoch und in der Baumkrone angegeben
Dunstdrucks in Mm.

werden konnten. Welche Lücken dabei vorhanden waren, ist aus den Vorbemerkungen S. 5 ersichtlich.

gens 8^h

April) um 9^h und im Sommer (Mai bis September) um 7^h Morgens statt.

Walde		Im Walde			Im Walde			Im Walde	
Baumkrone	Im Freien 1,5 Mtr. hoch	1,5 Mtr. hoch	Baumkrone	Im Freien 1,5 Mtr. hoch	1,5 Mtr. hoch	Baumkrone	Im Freien 1,5 Mtr. hoch	1,5 Mtr. hoch	Baumkrone
April				**Mai**			**Juni**		
3,6	4,2	4,2	4,2	7,0	7,1	7,2	10,6	10,3	10,4
3,6	3,5	3,5	3,6	6,8	6,9	6,8	9,6	10,0	9,7
3,8	4,0	3,9	4,0	6,8	6,9	6,7	9,0	9,1	8,9
4,3	4,6	4,7	4,4	7,9	7,9	7,8	11,0	10,4	10,1
4,5	5,0	4,8	4,9	8,3	7,6	8,1	10,8	10,1	10,2
3,4	3,7	3,7	3,7	6,0	5,9	6,1	8,1	7,8	7,9
4,6	4,9	4,8	4,9	7,9	7,6	7,4	10,4	9,9	9,8
4,0	4,4	4,4	4,3	7,0	7,1	7,2	9,6	9,5	10,6*
4,5	5,2	5,0	4,9	7,6	7,5	8,0	9,5	9,6	9,7
4,2	4,4	4,3	4,2	6,3	6,1	5,9	9,2	8,7	8,5
4,7	5,4	5,3	5,2	7,2	6,9	6,8	9,1	9,0	8,8
4,3	5,3	5,0	5,0	6,8	6,4	6,3	9,5	9,0	8,9
5,4	6,0	5,8	6,0	8,3	8,1	8,2	11,1	11,0	10,8
5,0	5,6	5,7	5,9	7,3	7,6	7,9	10,3	10,7	11,3
4,4	5,4	5,3	5,3	6,4	6,3	6,3	8,8	8,5	8,5
October				**November**			**December**		
9,7	5,2	5,2	5,2	5,4	5,3	5,4	4,1	4,1	4,1
8,9	5,1	5,1	5,0	5,1	5,2	5,1	3,8	3,8	3,8
7,8	4,6	4,8	4,7	4,6	4,7	4,7	3,5	3,7	3,6
8,8	5,8	5,9	5,7	6,0	6,1	5,9	4,6	4,7	4,6
8,7	5,3	5,4	5,3	5,8	5,8	5,8	4,3	4,3	4,3
7,6	4,3	4,4	4,4	5,1	5,1	5,2	3,6	3,7	3,7
9,2	5,6	5,6	5,6	6,1	6,1	6,0	4,6	4,6	4,5
9,5	6,0	6,1	6,0	6,2	6,3	6,2	5,0	5,1	5,1
9,8	4,9	6,3	6,1	4,7	6,6	6,5	4,7	5,0	4,9
8,2	4,7	5,0	4,9	5,7	5,9	5,9	3,9	4,1	4,1
8,3	5,3	5,3	5,2	6,2	6,4	6,3	4,2	4,3	4,3
7,9	5,2	5,2	5,1	5,5	5,6	5,7	3,8	3,8	4,0
9,6	5,8	5,8	5,9	6,3	6,2	6,4	4,5	4,6	4,6
9,6	5,6	5,8	5,8	6,6	6,8	6,8	4,4	4,4	4,5
7,7	4,8	4,9	4,9	5,5	5,6	5,6	3,6	3,7	3,8

b) Mit-

In St. Johann fanden die Beobachtungen im Winter (October bis April)

	Im Freien 1,5 Mtr. hoch	Im Walde		Im Freien 1,5 Mtr. hoch	Im Walde		Im Freien 1,5 Mtr. hoch	Im
		1,5 Mtr. hoch	Baumkrone		1,5 Mtr. hoch	Baumkrone		1,5 Mtr. hoch
	Januar			Februar			März	
Fritzen	2,8	2,8	2,8	3,7	3,7	3,7	3,7	3,8
Kurwien	2,4	2,5	2,4	3,6	3,5	3,5	3,9	3,8
Carlsberg	2,7	2,7	2,7	3,8	3,8	3,9	4,1	4,1
Eberswalde	3,5	3,3	3,4	4,3	4,1	4,3	4,8	4,6
Friedrichsrode	3,2	3,1	3,3	4,3	4,3	4,3	4,9	4,8
Sonnenberg	2,4	2,4	2,4	3,3	3,4	3,5	3,7	3,8
Marienthal	3,4	3,3	3,3	4,6	4,6	4,7	4,9	5,0
Hadersleben	3,6	3,6	3,7	3,9	3,9	3,9	4,1	4,0
Schoo	3,8	3,7	3,6	5,0	4,8	4,7	4,8	5,0
Lahnhof	3,3	3,1	3,3	4,0	4,3	4,5	4,5	4,4
Hollerath	3,4	3,3	3,3	5,2	4,9	5,0	5,2	5,0
St. Johann	3,0	3,1	3,1	4,7	4,6	4,4	4,3	4,3
Hagenau	3,6	3,6	3,7	5,8	5,6	5,6	5,9	5,9
Neumath	3,6	3,6	3,7	5,5	5,7	5,8	5,3	5,5
Melkerei	3,1	3,0	3,1	4,8	4,8	4,9	4,6	4,5

	Juli			August			September	
Fritzen	11,2	11,4	11,6	10,8	10,9	11,1	9,9	9,9
Kurwien	10,3	10,9	10,3	10,5	11,0	10,5	9,3	9,7
Carlsberg	10,8	11,2	11,2	10,1	10,4	10,2	8,2	8,5
Eberswalde	13,5	12,9	12,6	11,9	11,7	10,5	10,0	10,1
Friedrichsrode	18,1	16,0	15,4	10,6	10,6	10,4	9,0	9,5
Sonnenberg	10,5	10,0	10,2	9,2	9,0	9,1	8,0	7,9
Marienthal	14,2	13,3	13,3	12,1	11,7	11,6	10,1	10,3
Hadersleben	11,0	11,0	11,7	10,1	10,3	10,8	9,9	9,9
Schoo	12,0	13,0	15,3	9,5	11,3	11,6	8,8	10,6
Lahnhof	10,2	10,4	10,3	9,7	9,7	9,6	8,2	8,6
Hollerath	11,1	11,2	10,7	10,0	10,1	10,0	8,9	9,2
St. Johann	11,6	11,8	11,0	10,3	10,6	10,0	8,5	8,6
Hagenau	13,8	13,8	12,9	12,9	12,9	11,9	11,3	11,6
Neumath	10,8	12,7	13,3	10,7	11,7	12,2	10,0	10,4
Melkerei	12,2	10,7	10,7	10,6	10,0	9,9	8,7	8,5

tags 2^h

um 4^h und im Sommer (Mai bis September) um 6^h Nachmittags statt.

| Walde | Im Freien | Im Walde | | Im Freien | Im Walde | | Im Freien | Im Walde | |
Baumkrone	1,5 Mtr. hoch	1,5 Mtr. hoch	Baumkrone	1,5 Mtr. hoch	1,5 Mtr. hoch	Baumkrone	1,5 Mtr. hoch	1,5 Mtr. hoch	Baumkrone
		April			**Mai**			**Juni**	
3,8	4,3	4,2	4,3	7,1	7,2	7,3	11,1	10,7	11,0
3,8	3,7	4,0	3,8	7,2	7,4	7,1	9,5	10,0	9,6
4,1	4,2	4,3	4,1	6,7	7,2	6,9	9,1	9,4	9,1
4,4	4,8	4,7	4,0	8,2	8,3	7,9	11,2	11,2	10,7
4,9	5,1	5,0	5,2	10,2	9,0	9,5	13,4	12,0	12,3
3,8	3,9	3,9	3,9	6,1	6,2	6,2	8,5	8,2	8,3
5,0	4,9	4,7	4,8	7,8	7,7	7,6	11,1	10,6	10,6
4,2	4,3	4,4	4,2	7,5	7,5	7,8	9,5	9,4	10,4*
4,8	5,3	5,1	5,2	7,9	8,0	9,0	9,8	10,0	10,5
4,5	4,4	4,6	4,5	5,8	5,8	5,8	8,8	8,8	8,8
5,0	5,5	5,5	5,4	7,5	7,0	6,8	9,7	9,7	9,0
4,3	5,2	5,1	5,0	6,6	6,6	6,1	9,2	9,4	8,7
5,9	7,0	6,5	6,6	8,5	8,1	8,2	11,7	11,7	10,7
5,5	6,3	6,4	6,6	7,5	7,7	8,1	10,0	10,7	11,3
4,6	5,8	5,6	5,6	6,6	6,3	6,3	9,2	9,0	8,9
		October			**November**			**December**	
10,0	5,4	5,6	5,7	5,9	5,9	6,0	4,3	4,4	4,4
9,3	5,2	5,5	5,2	5,8	5,8	5,7	4,0	4,0	4,0
8,4	5,1	5,3	5,1	5,1	5,1	5,1	3,7	3,9	3,8
8,9	6,3	6,4	5,7	6,7	6,8	6,5	4,9	4,9	4,7
9,2	5,4	5,7	5,6	6,4	6,4	6,2	4,5	4,6	4,5
8,0	4,7	4,7	4,7	5,6	5,5	5,5	3,8	3,8	3,8
10,1	6,3	6,4	6,2	7,0	6,9	6,9	4,9	4,9	4,7
10,2*	6,3	6,4	6,3	6,8	6,8	6,7	5,3	5,3	5,2
10,6	4,9	6,7	6,6	5,2	7,2	7,2	5,1	5,4	5,3
8,4	4,8	5,0	5,0	6,0	6,3	6,2	4,1	4,2	4,2
8,9	5,3	5,4	5,2	6,8	6,9	6,7	4,4	4,4	4,3
8,6	5,4	5,5	5,3	6,2	6,2	6,2	4,2	4,2	4,3
10,9	6,4	6,6	6,4	7,6	7,8	7,9	4,9	4,9	5,0
10,6	5,7	6,0	6,1	6,9	7,1	7,1	4,6	4,7	4,7
8,5	5,2	5,2	5,2	6,0	6,0	6,0	4,1	4,0	4,1

1881.

c) Mittel aus den Morgen-

| | Im Freien 1,5 Mtr. hoch | Im Walde | | Im Freien 1,5 Mtr. hoch | Im Walde | | Im Freien 1,5 Mtr. hoch | Im |
		1,5 Mtr. hoch	Baumkrone		1,5 Mtr. hoch	Baumkrone		1,5 Mtr. hoch
	Januar			Februar			März	
Fritzen	2,6	2,7	2,7	3,4	3,5	3,5	3,7	3,7
Kurwien	2,2	2,2	2,2	3,3	3,2	3,2	3,7	3,6
Carlsberg	2,4	2,5	2,5	3,4	3,5	3,5	3,9	3,9
Eberswalde	3,0	3,0	3,1	3,9	3,9	4,0	4,6	4,5
Friedrichsrode	2,9	2,9	3,0	4,0	4,0	4,0	4,7	4,6
Sonnenberg	2,2	2,3	2,3	3,1	3,2	3,2	3,5	3,6
Marienthal	3,0	3,0	3,0	4,2	4,2	4,2	4,8	4,8
Hadersleben	3,4	3,4	3,5	3,7	3,7	3,7	4,0	4,0
Schoo	3,5	3,5	3,4	4,5	4,5	4,4	4,7	4,8
Lahnhof	2,9	2,9	3,0	3,8	4,0	4,1	4,4	4,4
Hollerath	3,1	3,1	3,1	4,8	4,7	4,7	5,0	4,9
St. Johann	2,9	2,9	2,9	4,3	4,3	4,2	4,4	4,3
Hagenau	3,3	3,3	3,4	5,2	5,1	5,2	5,6	5,6
Neumath	3,4	3,4	3,4	5,1	5,2	5,3	5,1	5,3
Melkerei	2,9	2,9	3,0	4,5	4,6	4,7	4,5	4,4
	Juli			August			September	
Fritzen	11,2	11,3	11,2	10,8	10,7	10,9	9,9	9,7
Kurwien	10,6	11,1	10,6	10,4	10,7	10,3	9,1	9,4
Carlsberg	10,6	10,9	10,8	9,8	10,0	10,0	7,9	8,0
Eberswalde	13,1	12,5	12,1	11,4	11,2	10,4	9,6	9,6
Friedrichsrode	16,2	14,4	13,9	10,5	10,4	10,4	8,9	9,1
Sonnenberg	10,1	9,7	9,9	9,0	8,8	8,9	7,8	7,7
Marienthal	13,8	12,8	12,8	11,8	11,4	11,3	9,7	9,8
Hadersleben	11,0	11,0	11,6	10,3	10,3	10,8	9,7	9,7
Schoo	12,1	12,7	14,2	9,4	11,2	11,2	8,7	10,3
Lahnhof	10,6	10,3	10,2	9,6	9,4	9,5	8,1	8,4
Hollerath	10,9	10,9	10,5	9,9	10,0	9,8	8,7	8,8
St. Johann	11,3	11,2	10,6	10,2	10,3	9,9	8,3	8,3
Hagenau	13,5	13,4	12,7	12,4	12,5	11,8	10,6	10,6
Neumath	10,9	12,3	13,0	10,8	11,6	12,0	9,6	9,9
Melkerei	11,3	10,3	10,3	10,2	9,8	9,7	8,1	8,1

und Nachmittagbeobachtungen.

Walde	Im Freien	Im Walde		Im Walde	Im Walde		Im Walde	Im Walde	
Baumkrone	1,5 Mtr. hoch	1,5 Mtr. hoch	Baumkrone	1,5 Mtr. hoch	1,5 Mtr. hoch	Baumkrone	1,5 Mtr. hoch	1,5 Mtr. hoch	Baumkrone
April				**Mai**			**Juni**		
3,7	4,2	4,2	4,3	7,0	7,1	7,2	10,8	10,5	10,7
3,7	3,6	3,7	3,7	7,0	7,1	6,9	9,6	10,0	9,6
4,0	4,1	4,1	4,0	6,7	7,1	6,8	9,0	9,3	9,0
4,4	4,7	4,7	4,2	8,0	8,1	7,9	11,1	10,8	10,4
4,7	5,1	4,9	5,0	9,3	8,3	8,8	12,1	11,1	11,2
3,6	3,8	3,8	3,8	6,1	6,1	6,1	8,3	8,0	8,1
4,8	4,9	4,8	4,8	7,9	7,7	7,5	10,8	10,2	10,2
4,1	4,3	4,4	4,3	7,3	7,3	7,5	9,5	9,4	10,5*
4,6	5,3	5,1	5,0	7,8	7,8	8,5	9,6	9,8	10,1
4,4	4,4	4,5	4,3	6,0	5,9	5,9	9,0	8,7	8,7
4,9	5,4	5,4	5,3	7,3	7,0	6,8	9,4	9,4	8,9
4,3	5,2	5,1	5,0	6,7	6,5	6,2	9,4	9,2	8,8
5,7	6,5	6,1	6,3	8,4	8,1	8,2	11,4	11,3	10,7
5,2	6,0	6,1	6,2	7,4	7,7	8,0	10,1	10,7	11,3
4,5	5,6	5,5	5,5	6,5	6,3	6,3	9,0	8,8	8,7
October				**November**			**December**		
9,9	5,3	5,4	5,5	5,6	5,6	5,7	4,2	4,2	4,3
9,1	5,1	5,3	5,1	5,4	5,5	5,4	3,9	3,9	3,9
8,1	4,9	5,0	4,9	4,9	4,9	4,9	3,6	3,8	3,7
8,9	6,1	6,2	5,7	6,4	6,5	6,2	4,7	4,8	4,6
9,0	5,4	5,5	5,4	6,1	6,1	6,0	4,4	4,4	4,4
7,8	4,5	4,5	4,5	5,4	5,3	5,3	3,7	3,8	3,7
9,6	6,0	6,0	5,9	6,6	6,5	6,4	4,7	4,7	4,6
9,9	6,1	6,2	6,2	6,5	6,5	6,5	5,1	5,2	5,1
10,2	4,9	6,5	6,3	4,9	6,9	6,9	4,9	5,2	5,1
8,3	4,8	5,0	5,0	5,8	6,1	6,0	4,0	4,2	4,1
8,6	5,3	5,4	5,2	6,5	6,6	6,5	4,3	4,4	4,3
8,2	5,3	5,3	5,2	5,9	5,9	6,0	4,0	4,0	4,1
10,3	6,1	6,2	6,2	7,0	7,0	7,2	4,7	4,8	4,8
10,1	5,7	5,9	6,0	6,7	6,9	7,0	4,5	4,6	4,6
8,1	5,0	5.0	5,1	5,8	5,8	5,8	3,8	3,9	3,9

Tafel

Mittlere relative Feuchtigkeit der Luft in den einzelnen Monaten im
nach

(Ein * bedeutet, dass die Beobachtungen innerhalb der betreffenden Zeit nicht vollständig ausgeführt

a) Mor-

In St. Johann fanden die Beobachtungen im Winter (October bis April)

	Im Freien 1,5 Mtr. hoch	Im Walde		Im Freien 1,5 Mtr. hoch	Im Walde		Im Freien 1,5 Mtr. hoch	Im
		1,5 Mtr. hoch	Baumkrone		1,5 Mtr. hoch	Baumkrone		1,5 Mtr. hoch
	Januar			Februar			März	
Fritzen	86	92	90	91	95	94	86	88
Kurwien	84	83	83	91	92	92	91	90
Carlsberg	93	98	94	93	97	94	91	95
Eberswalde	91	100	97	97	99	97	90	95
Friedrichsrode	98	99	99	97	95	95	93	92
Sonnenberg	76	83	80	80	88	84	78	86
Marienthal	90	91	90	93	94	93	87	87
Hadersleben	96	97	96	99	97	97	91	90
Schoo	93	94	93	97	97	96	88	90
Lahnhof	92	91	96	88	94	94	89	93
Hollerath	94	95	95	94	94	94	92	93
St. Johann	93	93	92	81	85	82	76	77
Hagenau	90	93	97	92	94	96	81	81
Neumath	92	93	90	91	93	92	76	78
Melkerei	85	89	91	82	88	87	78	80
	Juli			August			September	
Fritzen	70	77	74	75	84	81	83	90
Kurwien	70	74	71	83	86	84	84	90
Carlsberg	73	86	76	79	89	82	88	96
Eberswalde	74	77	72	80	86	81	88	93
Friedrichsrode	88	93	85	83	91	89	93	97
Sonnenberg	77	82	80	89	93	91	93	97
Marienthal	77	82	81	84	88	88	89	93
Hadersleben	79	83	81	85	87	86	89	90
Schoo	78	83	84	72	89	86	75	91
Lahnhof	72	80	77	84	90	89	88	96
Hollerath	74	79	76	88	93	91	94	96
St. Johann	79	88	79	85	91	86	94	97
Hagenau	69	85	76	76	88	82	87	95
Neumath	60	75	71	76	88	85	86	94
Melkerei	68	75	74	80	88	88	85	91

XVIII.

Freien und im Walde 1,5 Mtr. hoch und in der Baumkrone angegeben
Procenten.

werden konnten. Welche Lücken dabei vorhanden waren, ist aus den Vorbemerkungen S. 5 ersichtlich.)

gens 8[h]

um 9[h] und im Sommer (Mai bis September) um 7[h] Morgens statt.

Walde	Im Walde		Im Walde		Im Walde		Im Walde		
Baumkrone	Im Freien 1,5 Mtr. hoch	1,5 Mtr. hoch	Baumkrone	Im Freien 1,5 Mtr. hoch	1,5 Mtr. hoch	Baumkrone	Im Freien 1,5 Mtr. hoch	1,5 Mtr. hoch	Baumkrone
	April			**Mai**			**Juni**		
86	69	72	71	64	68	68	75	79	77
91	64	66	67	65	67	65	70	74	73
90	79	88	78	74	87	74	79	90	80
90	72	77	72	67	70	69	78	79	75
93	87	85	87	82	80	80	87	92	90
83	74	81	78	71	77	75	79	84	82
87	76	72	74	67	67	66	79	83	81
89	73	71	68	74	74	72	78	81	76*
87	73	74	70	72	73	75	73	77	76
90	80	82	77	67	69	66	74	84	79
92	88	88	89	76	77	76	78	82	80
77	79	81	80	77	78	73	84	91	84
84	78	74	77	73	72	69	70	81	75
76	71	72	71	65	69	69	67	80	77
81	81	84	83	71	73	73	72	80	80
	October			**November**			**December**		
88	82	86	84	91	95	93	90	93	92
86	89	91	88	94	95	94	94	95	95
88	93	97	93	95	98	94	95	98	95
88	89	94	89	94	96	92	96	98	95
96	92	97	95	92	94	92	97	99	99
95	91	95	94	93	96	95	92	95	93
91	91	92	92	88	90	89	93	93	92
89	88	90	88	92	92	91	93	94	94
89	66	91	89	64	94	93	91	97	97
95	89	95	94	91	95	94	91	98	97
95	96	98	97	95	96	96	96	96	95
95	92	96	93	88	92	89	93	93	92
94	86	93	96	92	95	97	93	95	98
92	85	91	90	83	88	86	93	95	95
92	89	93	95	86	87	87	86	88	88

b) Mit-

In St. Johann fanden die Beobachtungen im Winter (October bis

	Im Freien 1,5 Mtr. hoch	Im Walde		Im Freien 1,5 Mtr. hoch	Im Walde		Im Freien 1,5 Mtr. hoch	Im
		1,5 Mtr hoch	Baumkrone		1,5 Mtr. hoch	Baumkrone		1,5 Mtr. hoch
	Januar			**Februar**			**März**	
Fritzen	87	92	91	88	92	91	77	81
Kurwien	77	78	79	86	85	85	74	74
Carlsberg	92	96	92	90	96	88	84	91
Eberswalde	95	96	95	88	89	89	77	78
Friedrichsrode	91	91	93	82	84	83	78	76
Sonnenberg	72	80	76	72	82	78	71	82
Marienthal	93	95	94	86	90	89	77	77
Hadersleben	88	89	89	90	90	90	77	77
Schoo	96	93	91	95	95	91	78	82
Lahnhof	92	94	95	75	87	86	74	74
Hollerath	92	93	95	86	87	89	78	79
St. Johann	90	93	90	81	82	78	64	66
Hagenau	78	82	86	78	81	83	59	62
Neumath	81	85	84	79	82	82	61	63
Melkerei	82	84	85	73	80	80	64	68
	Juli			**August**			**September**	
Fritzen	63	67	71	66	75	73	71	80
Kurwien	53	58	55	62	69	66	61	68
Carlsberg	62	69	64	68	77	69	77	86
Eberswalde	60	63	60	66	70	63	68	74
Friedrichsrode	86	87	81	72	79	76	73	88
Sonnenberg	64	68	66	80	86	84	82	88
Marienthal	64	69	68	75	82	80	73	84
Hadersleben	63	70	70	66	75	74	79	84
Schoo	63	70	79	60	77	78	64	81
Lahnhof	54	64	61	69	80	76	70	84
Hollerath	58	64	62	72	82	81	77	88
St. Johann	67	77	68	75	83	75	88	93
Hagenau	50	61	53	61	70	62	71	84
Neumath	47	63	62	61	74	74	72	86
Melkerei	62	68	67	70	80	78	77	89

tags 2ʰ

April) um 4ʰ und im Sommer (Mai bis September) um 6ʰ Nachmittags statt.

Walde		Im Walde			Im Walde			Im Walde	
Baumkrone	Im Freien 1,5 Mtr. hoch	1,5 Mtr. hoch	Baumkrone	Im Freien 1,5 Mtr. hoch	1,5 Mtr. hoch	Baumkrone	Im Freien 1,5 Mtr. hoch	1,5 Mtr. hoch	Baumkrone
	April			**Mai**			**Juni**		
81	56	59	59	59	63	62	71	73	74
74	43	48	45	49	51	50	57	61	60
82	69	75	66	61	70	61	69	75	67
73	51	53	47	50	53	50	63	66	64
79	67	64	68	75	68	72	84	89	85
78	62	71	68	59	67	64	70	74	73
77	55	53	55	52	53	52	68	74	72
77	51	51	52	61	62	63	60	66	65*
77	59	57.	57	63	64	68	67	68	70
74	58	63	60	47	50	50	59	68	66
79	70	75	74	64	65	64	65	72	67
65	65	67	65	65	68	62	69	78	68
62	60	60	62	53	54	55	52	61	53
62	63	63	64	53	58	59	56	66	66
70	73	75	76	61	62	64	62	74	74

	October			**November**			**December**		
78	72	79	78	88	92	91	90	93	92
66	67	73	70	88	90	89	89	91	90
77	90	94	90	92	97	92	91	96	92
65	75	81	71	84	88	83	91	95	89
83	84	90	88	84	86	83	93	95	94
86	88	94	91	87	93	91	87	93	90
81	82	87	84	82	85	84	91	92	89
84*	78	81	79	86	87	87	92	93	91
80	58	82	80	61	88	87	87	95	94
79	75	84	82	79	88	85	88	95	93
85	81	86	86	87	90	90	92	93	93
89	87	92	89	85	87	84	91	92	91
77	70	78	77	73	83	83	84	87	90
85	72	80	79	73	77	77	84	88	87
89	82	89	91	73	78	79	80	84	84

	Im Freien 1,5 Mtr. hoch	Im Walde		Im Freien 1,5 Mtr. hoch	Im Walde		Im Freien 1,5 Mtr. hoch	Im
		1,5 Mtr. hoch	Baumkrone		1,5 Mtr. hoch	Baumkrone		1,5 Mtr. hoch
	Januar			Februar			März	
Fritzen	86	92	90	89	93	93	82	85
Kurwien	81	81	81	88	88	88	82	82
Carlsberg	92	97	93	91	97	91	87	93
Eberswalde	93	98	96	92	94	93	83	86
Friedrichsrode	94	95	96	90	90	89	85	84
Sonnenberg	74	81	78	76	85	81	74	84
Marienthal	92	93	92	90	92	91	82	82
Hadersleben	92	93	92	94	93	93	84	84
Schoo	94	93	92	96	96	94	83	86
Lahnhof	92	93	95	82	90	90	82	84
Hollerath	93	94	95	90	90	92	85	86
St. Johann	91	93	91	81	84	80	70	72
Hagenau	84	88	92	85	88	90	70	71
Neumath	86	89	87	85	88	87	69	70
Melkerei	84	86	88	78	84	83	71	74
	Juli			August			September	
Fritzen	67	72	72	71	80	77	77	85
Kurwien	61	66	63	73	78	75	72	79
Carlsberg	68	78	70	74	83	75	83	91
Eberswalde	67	70	66	73	78	72	78	84
Friedrichsrode	87	90	83	77	85	82	83	93
Sonnenberg	70	75	73	85	90	88	87	92
Marienthal	71	76	74	80	85	84	81	89
Hadersleben	71	77	75	76	81	80	84	87
Schoo	71	76	82	66	83	82	69	86
Lahnhof	63	72	69	77	85	83	79	90
Hollerath	66	72	69	80	87	86	85	92
St. Johann	73	83	73	80	87	81	91	95
Hagenau	60	73	65	68	79	72	79	89
Neumath	54	69	66	68	81	80	79	90
Melkerei	65	71	71	75	84	83	81	90

und Nachmittagbeobachtungen.

| Walde | Im Freien | Im Walde | | Im Freien | Im Walde | | Im Freien | Im Walde | |
Baumkrone	1,5 Mtr. hoch	1,5 Mtr. hoch	Baumkrone	1,5 Mtr. hoch	1,5 Mtr. hoch	Baumkrone	1,5 Mtr. hoch	1,5 Mtr. hoch	Baumkrone
		April			**Mai**			**Juni**	
83	63	66	65	61	66	65	73	76	76
83	53	57	56	57	59	58	64	68	66
86	74	81	72	68	78	68	74	82	74
81	62	65	60	58	61	59	71	72	70
86	77	74	77	78	74	76	86	91	88
80	68	76	73	65	72	69	75	79	77
82	65	63	64	60	60	59	73	78	76
83	62	61	60	67	68	68	69	74	71*
82	66	66	63	67	69	72	70	73	73
82	69	72	69	57	59	58	67	76	73
86	79	82	81	70	71	70	71	77	73
71	72	74	72	71	73	68	76	85	76
73	69	67	69	63	63	62	61	71	64
69	67	67	68	59	64	64	61	73	71
75	77	79	80	66	68	68	67	77	77
		October			**November**			**December**	
83	77	82	81	90	93	92	90	93	92
76	78	82	79	91	92	92	92	93	92
83	92	96	91	93	97	93	93	97	94
77	82	88	80	89	92	87	93	97	92
89	88	94	91	88	90	88	95	97	96
91	90	94	93	90	95	93	90	94	92
86	87	90	88	85	87	86	92	92	91
87	83	85	84	89	90	89	92	93	92
85	62	87	84	62	91	90	89	96	96
87	82	89	88	85	92	90	90	97	95
90	88	92	92	91	93	93	94	95	94
92	90	94	91	86	89	87	92	92	92
86	78	86	86	82	89	90	88	91	94
88	79	86	85	78	83	82	89	91	91
90	86	91	93	80	83	83	83	86	86

Tafel XIX.

Jahresmittel der um 8ʰ Morgens und um 2ʰ Mittags beobachteten absoluten und relativen Feuchtigkeit und der aus ihnen berechneten Mittel.

In St. Johann fanden die Beobachtungen im Winter (October bis April) um 9ʰ Morgens und 4ʰ Nachmittags und im Sommer (Mai bis September) um 7ʰ Morgens und 6ʰ Nachmittags statt.

	Jahresmittel der absoluten Feuchtigkeit in Mm.									Jahresmittel der relativen Feuchtigkeit in %								
	Im Freien			Im Walde						Im Freien			Im Walde					
				1,5 Mtr. hoch			i. d. Baumkrone						1,5 Mtr. hoch			i. d. Baumkrone		
	8ʰ Morgens	2ʰ Mittags	Mittel aus beiden	8ʰ Morgens	2ʰ Mittags	Mittel aus beiden	8ʰ Morgens	2ʰ Mittags	Mittel aus beiden	8ʰ Morgens	2ʰ Mittags	Mittel aus beiden	8ʰ Morgens	2ʰ Mittags	Mittel aus beiden	8ʰ Morgens	2ʰ Mittags	Mittel aus beiden
Fritzen	6,5	6,7	6,6	6,4	6,7	6,6	6,4	6,8	6,6	80	74	77	85	79	82	83	78	81
Kurwien	6,0	6,3	6,2	6,1	6,5	6,3	6,0	6,3	6,1	82	67	74	84	71	77	82	69	76
Carlsberg	5,8	6,1	5,9	5,8	6,3	6,1	5,8	6,2	6,0	86	79	82	93	85	89	87	78	83
Eberswalde	6,9	7,5	7,2	6,9	7,4	7,2	6,7	7,0	6,8	85	72	78	89	76	82	85	71	78
Friedrichsrode	7,0	7,9	7,5	6,7	7,6	7,1	6,7	7,6	7,2	91	81	86	93	83	88	92	82	87
Sonnenberg	5,4	5,8	5,6	5,4	5,7	5,6	5,5	5,8	5,6	83	75	79	88	82	85	86	79	82
Marienthal	7,0	7,6	7,3	6,9	7,5	7,2	6,8	7,4	7,1	85	75	80	86	78	82	85	77	81
Hadersleben	6,7	6,9	6,8	6,6	6,9	6,8	6,8	7,1	7,0	86	74	80	87	77	82	86	77	81
Schoo	6,6	6,8	6,7	7,1	7,6	7,4	7,1	7,9	7,5	79	71	75	88	79	84	86	79	83
Lahnhof	6,1	6,2	6,1	6,0	6,3	6,2	6,0	6,3	6,1	84	70	77	89	78	83	87	76	82
Hollerath	6,5	6,9	6,7	6,5	6,9	6,7	6,4	6,7	6,6	89	77	83	91	81	86	90	80	85
St. Johann	6,4	6,6	6,5	6,2	6,7	6,5	6,2	6,4	6,3	85	77	81	89	82	85	85	77	81
Hagenau	7,5	8,3	7,9	7,4	8,3	7,8	7,4	8,0	7,7	82	66	74	87	72	80	87	70	79
Neumath	7,0	7,2	7,1	7,2	7,7	7,5	7,4	7,9	7,7	79	67	73	85	74	79	83	73	78
Melkerei	6,1	6,7	6,4	6,1	6,5	6,3	6,1	6,5	6,3	80	72	76	85	78	81	85	78	81

5. und 6. Verdunstung einer freien Wasserfläche im Freien und im Walde und Grösse des im Freien und im Walde gefallenen atmosphärischen Niederschlages.

Tafel

Verdunstungsgrösse einer freien Wasserfläche im Freien und im Walde

	Im Freien	Im Walde	Differenz	Im Freien	Im Walde	Differenz
	Januar			**Februar**		
Fritzen	5,0	4,6	0,4	8,2·	5,7	2,5
Kurwien	5,1	4,1	1,0	5,8	4,6	1,2
Carlsberg	3,0	0,9	2,1	10,3	3,5	6,8
Eberswalde	5,5	1,6	3,9	11,0	3,9	7,1
Friedrichsrode	4,5	2,0	2,5	7,7	4,2	3,5
Sonnenberg	10,1	5,4	4,7	16,1	9,9	6,2
Marienthal	5,5	1,9	3,6	11,8	5,9	5,9
Hadersleben	4,1	2,5	1,6	4,8	3,0	1,8
Schoo	8,6	3,5	5,1	9,7	4,6	5,1
Lahnhof	4,8	1,4	3,4	6,4	3,2	3,2
Hollerath	—	1,5	—	2,5?	3,7	— 1,2
St. Johann	7,7	4,0	3,7	15,5	6,9	8,6
Hagenau	11,4	3,3	8,1	11,9	4,2	7,7
Neumath	—	3,8	—	34,4	10,5	23,9
Melkerei	7,2	4,1	3,1	11,8	7,4	4,4

	Im Freien	Im Walde	Diffe-renz	Im Freien	Im Walde	Diffe-renz	Im Freien	Im Walde	Diffe-renz
	Juli			**August**			**September**		
Fritzen	24,5	17,8	6,7	36,1	14,3	21,8	22,4	5,4	17,0
Kurwien	55,3	27,5	27,8	34,7	14,0	20,7	24,0	9,3	14,7
Carlsberg	59,8	23,3	36,5	42,7	15,8	26,9	17,2	5,5	11,7
Eberswalde	69,1	34,0	35,1	48,7	24,0	24,7	27,8	11,7	16,1
Friedrichsrode	75,0	23,5	51,5	50,5	14,4	36,1	27,1	6,8	20,3
Sonnenberg	36,5	23,2	13,3	21,9	12,5	9,4	15,5	9,9	5,6
Marienthal	69,9	23,9	46,0	57,5	13,8	43,7	30,8	7,9	22,9
Hadersleben	43,4	15,8	27,6	31,9	11,8	20,1	17,9	7,6	·10,3
Schoo	66,3	14,1	52,2	53,2	10,2	43,0	35,3	11,3	24,0
Lahnhof	64,0	27,0	37,0	31,7	12,3	19,4	18,6	1,1?	17,5
Hollerath	65,1	31,8	33,3	31,8	12,5	19,3	16,8	6,5	10,3
St. Johann	66,7	18,9	47,8	58,4	15,9	42,5	22,8	4,9	17,9
Hagenau	72,4	25,1	47,3	48,0	16,5	31,5	21,6	5,8	15,8
Neumath	98,5	28,5	70,0	74,7	16,0	58,7	30,5	5,7	24,8
Melkerei	78,6	31,8	46,8	43,8	15,2	28,6	22,3	6,1	16,2

Anm. Ein * bedeutet bei den Zahlen der Jahressumme, dass die Beobachtungen, von denen
monate sind nur als angenäherte Werthe anzusehen, da die Grösse der Verdunstung dadurch beein-
stungsmesser geweht wurde.

XX.

in den einzelnen Monaten und im Jahre in Millimeterhöhe.

Im Freien	Im Walde	Diffe-renz	Im Freien	Im Walde	Diffe-renz	Im Freien	Im Walde	Diffe-renz	Im Freien	Im Walde	Diffe-renz
März			**April**			**Mai**			**Juni**		
11,0	6,5	4,5	31,8	15,0	16,8	35,9	25,5	10,4	36,8	22,5	14,3
12,7	7,4	5,3	28,8	14,2	14,6	49,8	22,8	27,0	49,7	21,9	27,8
13,0	4,1	8,9	19,8	8,7	11,1	36,2	16,1	20,1	38,8	14,9	23,9
23,5	10,5	13,0	55,3	23,1	32,2	79,2	36,5	42,7	59,3	27,5	31,8
22,9	9,9	13,0	41,1	22,3	18,8	78,3	40,5	37,8	55,0	14,5	40,5
23,6	13,4	10,2	41,1	17,6	23,5	45,3	20,8	24,5	39,8	25,9	13,9
25,8	13,9	11,9	39,0	24,3	14,7	69,4	30,8	38,6	51,5	16,3	35,2
12,2	7,1	5,1	32,0	20,8	11,2	43,8	24,7	19,1	43,1	17,0	26,1
19,0	7,8	11,2	43,8	22,1	21,7	63,0	24,6	38,4	57,8	21,8	36,0
20,7	11,6	9,1	32,3	20,2	12,1	57,9	35,4	22,5	45,8	18,7	27,1
18,4	10,0	8,4	21,3	10,9	10,4	47,0	24,0	23,0	40,2	23,2	17,0
37,5	18,7	18,8	31,2	14,1	17,1	51,7	22,7	29,0	48,6	15,1	33,5
37,4	15,2	22,2	36,1	18,2	17,9	59,8	24,9	34,9	47,3	20,1	27,2
47,6	19,5	28,1	37,5	28,2	9,3	58,1	27,8	30,3	69,5	18,1	51,4
28,2	17,6	10,6	24,9	12,5	12,4	55,0	29,7	25,3	50,8	18,5	32,3

Im Freien	Im Walde	Diffe-renz	Im Freien	Im Walde	Diffe-renz	Im Freien	Im Walde	Diffe-renz	Im Freien	Im Walde	Diffe-renz
October			**November**			**December**			**Jahr**		
22,1	11,4	10,7	9,0	3,0	6,0	8,0	3,4	4,6	250,8	135,1	115,7
21,6	9,9	11,7	5,7	1,0	4,7	4,1	2,0	2,1	297,3	138,7	158,6
7,9	2,4	5,5	9,2	2,3	6,9	5,0	1,4	3,6	262,9	98,9	164,0
22,5	9,1	13,4	16,5	6,2	10,3	12,8	3,5	9,3	431,2	191,6	239,6
16,0	4,3	11,7	19,8	5,1	14,7	5,7	2,1	3,6	403,6	149,6	254,0
3,7	1,8	1,9	5,0	2,8	2,2	2,4	1,4	1,0	261,0	144,6	116,4
18,4	5,6	12,8	20,6	4,8	15,8	7,1	3,4	3,7	407,3	152,5	254,8
17,2	7,6	9,6	8,8	5,4	3,4	4,8	3,4	1,4	264,0	126,7	137,3
18,5	8,6	9,9	18,3	4,9	13,4	7,0	1,3	5,7	400,5	134,8	265,7
12,7	1,7	11,0	10,0	4,4	5,6	4,7	1,1	3,6	309,6	138,1	171,5
9,9	4,4	5,5	11,8	6,5	5,3	—	2,5	—	264,8*	133,5*	131,3*
18,7	12,0	6,7	16,1	9,9	6,2	9,3	5,2	4,1	384,2	148,3	235,9
23,9	6,4	17,5	14,4	4,7?	9,7	8,4	3,6	4,8	392,6	148,0	244,6
29,3	7,0	22,3	30,0	8,9	21,1	17,5	4,7	12,8	527,6*	174,9*	352,7*
9,4	2,5	6,9	25,3	12,0	13,3	14,5	8,4	6,1	371,8	165,8	206,0

die Summe genommen ist, nicht vollständig ausgeführt worden sind. — Die Angaben für die Winter-
trächtigt wurde, dass trotz aller Schutzmittel besonders im Freien zuweilen Schnee in den Verdun-

Tafel

Gesammtmenge der in den einzelnen Monaten und im Jahre auf

	Im Freien	Im Walde	Differenz	Im Freien	Im Walde	Differenz	Im Freien	Im Walde	Differenz
	Januar			**Februar**			**März**		
Fritzen	40,5	39,0	1,3	14,9	9,5	5,4	19,5	15,5	4,0
Kurwien	24,0	21,2	1,8	15,9	13,2	2,7	25,4	19,4	6,0
Carlsberg	24,4	30,2	— 5,8	48,9	43,2	5,7	82,1	81,5	0,6
Eberswalde	23,1	18,6	4,5	26,1	19,0	7,1	40,4	37,6	2,8
Friedrichsrode	28,5	28,9	— 0,4	36,0	34,4	1,6	106,4	96,8	9,6
Sonnenberg	93,1	90,1	3,0	127,8	121,9	5,9	193,4	173,0	20,4
Marienthal	30,0	28,1	1,9	27,6	24,4	3,2	89,9	75,9	14,0
Hadersleben	35,5	34,3	1,2	22,6	30,3?	—7,7	44,6	40,8	3,8
Schoo	19,6	42,4?	—22,8	20,2	25,7	—5,5	62,1	63,2	—1,1
Lahnhof	62,0	50,4	11,6	76,5	79,7	—3,2	176,6	133,6	43,0
Hollerath	34,4	22,7	11,7	87,1	59,2	27,9	104,4	72,9	31,5
St. Johann	26,1	15,9	10,2	38,7	21,4	17,3	60,4	31,6	28,8
Hagenau	44,9	36,2	8,7	52,9	30,8	22,1	74,5	58,7	15,8
Neumath	32,1	36,5	— 4,4	53,4	45,2	8,2	84,3	68,0	16,3
Melkerei	94,7	91,7	3,0	109,7	105,1	4,6	224,4	167,0	57,4
	August			**September**			**October**		
Fritzen	71,4	56,4	15,0	81,9	65,8	16,1	33,0	14,9	18,1
Kurwien	76,4	55,4	21,0	58,8	47,7	11,1	25,9	23,0	2,9
Carlsberg	95,2	60,6	34,6	117,9	130,5?	—12,6	75,8	117,8?	—42,0
Eberswalde	60,2	39,1	21,1	57,0	42,3	14,7	61,2	45,8	15,4
Friedrichsrode	116,1	98,4	17,7	41,6	33,2	8,4	76,6	51,5	25,1
Sonnenberg	203,6	176,7	26,9	82,5	71,7	10,8	158,6	134,0	24,6
Marienthal	63,4	40,7	22,7	64,6	50,1	14,5	88,9	61,7	27,2
Hadersleben	121,2	92,8	28,4	85,5	77,2	8,3	106,7	80,6	26,1
Schoo	121,8	75,0	46,8	33,3	20,4	12,9	94,4	44,2	50,2
Lahnhof	161,2	95,4	65,8	85,4	56,7	28,7	103,5	68,2	35,3
Hollerath	166,9	131,5	35,4	138,6	110,8	27,8	88,8	46,7	42,1
St. Johann	143,5	90,4	53,1	145,3	78,3	67,0	66,1	15,8	50,3
Hagenau	124,3	85,6	38,7	111,6	67,1	44,5	89,0	68,1	20,9
Neumath	80,6	49,5	31,1	90,0	64,0	26,0	75,9	57,2	18,7
Melkerei	189,1	133,8	55,3	155,2	113,5	41,7	140,5	112,7	27,8

Anm. In den Wintermonaten wurde die Beobachtung im Walde ungenau, da oft Schneemassen erklärlich, dass im Walde zuweilen ein grösserer Niederschlag verzeichnet ist, als im Freien. Die

XXI.

bewaldeten und nicht bewaldeten Boden gelangten Niederschläge in Mm. Höhe.

Im Freien	Im Walde	Differenz	Im Freien	Im Walde	Differenz	Im Freien	Im Walde	Differenz	Im Freien	Im Walde	Differenz
April			Mai			Juni			Juli		
15,2	12,3	2,9	15,9	9,2	6,7	55,7	29,9	25,8	30,7	12,8	17,9
6,2	4,7	1,5	54,3	49,2	5,1	71,5	55,2	16,3	24,8	14,1	10,7
38,7	32,3	6,4	59,2	73,6?	—14,4	102,6	95,2	7,4	75,6	59,6	16,0
9,1	5,0	4,1	24,6	19,3	5,3	95,9	73,6	22,3	43,3	29,4	13,9
17,4	20,1?	— 2,7	20,9	15,4	5,5	68,2	45,6	22,6	39,8	25,3	14,5
34,7	26,4	8,3	42,8	28,2	14,6	56,5	33,9	22,6	105,8	81,3	24,5
2,2	1,8	0,4	16,3	7,9	8,4	53,0	34,2	18,8	47,7	24,5	23,2
15,1	12,8	2,3	49,3	35,0	14,3	40,9	22,8	18,1	94,7	70,1	24,6
6,4	2,8	3,6	35,6	23,6	12,0	43,4	20,5	22,9	113,6	73,7	39,9
26,6	24,7	1,9	35,4	10,3?	25,1	56,9	34,7	22,2	75,6	37,2	38,4
47,7	29,7	18,0	49,9	24,0	25,9	37,2	16,3	20,9	61,0	40,6	20,4
82,1	41,4	40,7	90,8	53,9	36,9	105,4	52,8	52,6	88,3	50,7	37,6
56,8	43,4	13,4	21,2	9,2	12,0	85,9	67,2	18,7	45,0	21,2	23,8
54,0	46,8	7,2	30,9	24,4	6,5	45,0	23,3	21,7	75,4	50,7	24,7
109,3	88,9	20,4	45,6	38,4	7,2	85,1	67,9	17,2	74,5	56,9	17,6

November			December			Jahr					
						Gesammthöhe			davon Schnee		
Im Freien	Im Walde	Differenz	Im Freien	Im Walde	Differenz	Im Freien	Im Walde	Differenz	Im Freien	Im Walde	Differenz
44,0	31,4	12,6	13,6	9,2	4,4	436,3	305,9	130,4	85,6	69,9	15,7
27,2	18,9	8,3	19,6	19,0	0,6	430,0	341,0	89,0	56,5	30,9	25,6
28,9	51,2?	—22,3	49,4	38,0	11,4	798,7	813,7	—15,0	160,2	126,1	34,1
28,8	19,1	9,7	22,1	16,8	5,3	491,8	365,6	126,2	48,5	37,7	10,8
24,3	19,8	4,5	20,8	18,7	2,1	596,6	488,1	108,5	114,0	117,0	— 3,0
64,7	50,3	14,4	58,8	47,0	11,8	1222,3	1034,5	187,8	543,5	476,7	66,8
16,3	11,3	5,0	14,8	11,1	3,7	514,7	371,7	143,0	59,3	56,8	2,5
68,3	55,1	13,2	48,5	35,1	13,4	732,9	586,9	146,0	65,5	74,5	— 9,0
52,2	20,0	32,2	64,3	36,0	27,3	665,9	447,5	218,4	19,4	46,8	—27,4
64,7	47,3	17,4	79,8	66,6	13,2	1004,2	704,8	299,4	188,0	170,4	17,6
67,6	37,7	29,9	64,5	37,1	27,4	948,1	629,2	318,9	139,1	73,2	65,9
38,1	1,8	36,3	22,6	7,6	15,0	907,4	461,6	445,8	138,8	76,8	62,0
17,9	4,9	13,0	26,8	12,8	14,0	750,8	505,2	245,6	26,7	26,6	0,1
22,6	17,0	5,6	29,2	25,8	3,4	673,4	508,4	165,0	18,3	24,3	— 6,0
70,2	52,6	17,6	61,5	53,8	7,7	1359,8	1082,3	277,5	211,9	224,9	—13,0

von den Aesten der Bäume herabfielen, die nicht gemessen werden sollten. Dadurch ist es auch
Differenz ist in diesem Falle als negativ bezeichnet.

Tafel XXII.

Verhältniss der im Laufe des Jahres 1881 auf den Waldboden gelangten Regen- und Schneemengen zu den auf freiem Felde gefallenen in Procenten ausgedrückt.

1881	Januar	Febr.	März	April	Mai	Juni	Juli	August	Sept.	Octbr.	Novbr.	Decbr.	Mittel für die Monate April—Sept.
Fritzen	96	64	79	81	58	54	42	79	80	45	71	68	66
Kurwien	88	83	77	75	91	77	57	73	81	89	69	97	76
Carlsberg	124	88	99	83	124	93	79	64	111	155	177	77	92
Eberswalde	80	73	93	55	78	77	68	65	74	75	66	76	70
Friedrichsrode	101	96	91	116	74	67	64	85	80	67	82	90	81
Sonnenberg	97	95	89	76	66	60	77	87	87	84	78	80	76
Marienthal	94	89	84	83	48	65	51	64	77	69	69	75	65
Hadersleben	97	134	91	85	71	56	74	77	90	76	81	72	76
Schoo	—	127	102	44	66	47	65	62	61	47	38	57	58
Lahnhof	81	104	76	93	29	61	49	59	66	66	73	84	60
Hollerath	66	68	70	62	48	44	67	79	80	53	56	58	63
St. Johann	61	55	52	50	59	50	57	63	54	24	5	34	55
Hagenau	81	58	79	76	43	78	47	69	60	77	27	48	62
Neumath	113	85	81	87	79	52	67	61	71	75	75	89	70
Melkerei	97	96	74	81	84	80	76	71	73	80	75	87	78

Tafel XXIII.

Maximum eines täglichen Niederschlages von einer Morgenbeobachtung bis zur nächstfolgenden in den einzelnen Monaten und im Jahre.

(* bedeutet Schnee, † Schnee und Regen zusammen.)

1881.

Januar

	Im Freien			Im Walde		
	Dat.	mm	Wind	Dat.	mm	Wind
Fritzen	—	—	—	—	—	—
Kurwien	20	4,8*	ESE-E	20	4,5*	ESE-E
Carlsberg	12	3,3*	C	29	7,1†	SW-WSW
Eberswalde	—	—	—	—	—	—
Friedrichsr.	28	7,6	SE-SSE	28	7,5	SE-SSE
Sonnenberg	—	—	—	—	—	—
Marienthal	19	9,9*	NE-ENE	19	8,6*	NE-ENE
Hadersleben	15	13,0*	SW	15	11,6*	SW
Schoo	29	4,6	S-SE	21	8,4*	C-W
Lahnhof	12	5,3*	SSE-S	12	5,5*	SSE-S
Hollerath	28	6,8	S	28	4,6	S
St. Johann	1	8,3*	WNW	1	5,8*	WNW
Hagenau	19	9,9†	C-S	18	9,7*	NE
Neumath	28	14,9	S-SW	28	13,8	S-SW
Melkerei	20	18,2*	SW-SSE	20	19,1*	SW-SSE

Februar

	Im Freien			Im Walde		
	Dat.	mm	Wind	Dat.	mm	Wind
Fritzen	—	—	—	—	—	—
Kurwien	10	6,2	W-SW	10	5,0	W-SW
Carlsberg	10	19,7	WSW-SSW	10	26,3	WSW-SSW
Eberswalde	—	—	—	—	—	—
Friedrichsr.	10	13,6	S-SW	10	9,6	S-SW
Sonnenberg	—	—	—	—	—	—
Marienthal	10	9,6†	SE-S	10	8,9†	SE-S
Hadersleben	5	5,4	S-SW	28	9,1*	ENE
Schoo	10	6,3†	SE-SW	8	13,6†	SW-SSW
Lahnhof	8	35,2	SSW	10	19,1	S-SSW
Hollerath	8	19,1	SW-WSW	8	15,8	SW-WSW
St. Johann	17	8,2	C	17	4,8	C
Hagenau	28	9,3†	C	17	5,4	C
Neumath	10	12,5	WSW	10	11,0	WSW
Melkerei	9	25,1†	SSE-SW	9	23,3†	SSE-SW

März

	Im Freien			Im Walde		
	Dat.	mm	Wind	Dat.	mm	Wind
Fritzen	21?	3,8*	W	23?	4,3*	W-WSW
Kurwien	12	7,9*	S-SE	12	7,0	S-SE
Carlsberg	9	15,0†	W	9	21,2†	W
Eberswalde	9	12,3	W	9	11,5	W
Friedrichsr.	9	21,3	WNW-SW	9	16,8	WNW-SW
Sonnenberg	—	—	—	—	—	—
Marienthal	9	25,5	W-SSW	9	20,0	W-WSW
Hadersleben	7	13,2	ESE	7	12,1	ESE
Schoo	7	21,0	SE-SSE	7	25,5	SE-SSE
Lahnhof	9	30,2†	WSW	6	24,8	S-WSW
Hollerath	6	28,3	SW-W	6	20,6	SW-W
St. Johann	4	13,6*	SE	4	10,0*	SE
Hagenau	29	22,3	C-SW	29	25,0	C-SW
Neumath	9	14,1	W-SW	5	13,0	SSW
Melkerei	10	45,7	SW	10	27,6	SW

April

	Im Freien			Im Walde		
	Dat.	mm	Wind	Dat.	mm	Wind
Fritzen	19	6,1	SSE-WNW	26	5,4	SSW-SW
Kurwien	3	2,8*	N	3	2,7*	N
Carlsberg	6	8,3†	C	6	9,2†	C
Eberswalde	26	2,8	W-C	26	1,8	W-C
Friedrichsr.	2	5,9*	ENE-NE	2	9,7*?	ENE-NE
Sonnenberg	—	—	—	—	—	—
Marienthal	25	0,7	SSW	25	0,6	SSW
Hadersleben	29	5,5	W-WSW	29	5,4	W-WSW
Schoo	12	2,5	SE-SW	12	1,4	SE-SW
Lahnhof	25	6,7	SSW	15	5,1	ENE-ESE
Hollerath	15	10,8	SSE-W	15	10,0	SSE-W
St. Johann	2	25,0	E	2	13,3	E
Hagenau	25	20,9	W-WSW	25	15,3	W-WSW
Neumath	26	13,6	W	26	10,9	W
Melkerei	25	30,6	SSW	25	22,7	SSW

| | Mai | | | | | | Juni | | | | | | Juli | | | | | |
| | Im Freien | | | Im Walde | | | Im Freien | | | Im Walde | | | Im Freien | | | Im Walde | | |
	Dat.	mm	Wind	Dat.	mm	Wind	Dat.	mm	Wind	Dat.	mm	Wind	Dat.	mm	Wind	Dat.	mm	Wind
Fritzen	1	5,0	SSE	1	3,8	SSE	9	11,8	WNW-NW	9	7,9	WNW-NW	30	8,8	SW-W	30	2,6	SW-W
Kurwien	21	22,5	NW-NNE	21	24,1	NW-NNE	11	15,2	W	11	14,5	W	4	5,9	NW-WSW	7	4,0	NW-C
Carlsberg	25	12,8	E-ESE	25	22,8	E-ESE	7	19,0	SW-C	7	27,3	SW-C	26	15,9	SSW	26	13,5	SSW
Eberswalde	3	16,8	C	3	15,5	C	22	19,4	ESE-S	22	16,3	ESE-S	25	11,8	SW-C	25	8,0	SW-C
Friedrichsrode	27	7,6	SSE-S	27	5,4	SSE-S	19	11,0	C-NW	19	10,9	C-NW	20	9,9	WSW	20	6,5	WSW
Sonnenberg	27	17,3	ESE	27	12,6	ESE	26	12,4	NNW-W	13	9,0	SW-W	26	24,0	SW-S	26	19,3	SW-S
Marienthal	26	6,0	NE-E	9	3,5?	W-WSW	20	10,7	SW-SSE	20	7,0	SW-SSE	26	14,6	S-ENE	26	9,3	S-ENE
Hadersleben	18	23,6	WSW-SW	18	17,8	WSW-SW	6	6,1	C	6	5,6	C	6	23,0	NE-E	6	20,4	NE-E
Schoo	18	13,1	SW	18	8,6	SW	21	15,0	SSE-SSW	21	8,9	SSE-SSW	26	24,0	SW-SE	26	19,2	SW-SE
Lahnhof	28	14,0	WNW-NNE	19	4,2	SSE-SW	5	12,7	SSW-WSW	18	9,6	SSW-SSE	26	25,7	ENE-ESE	26	20,2	ENE-ESE
Hollerath	27	13,7	WNW-SW	27	9,9	WNW-SW	25	11,6	SSW-SW	7	5,7	SSW-WSW	25	15,8	SW	25	16,3	SW
St. Johann	3	26,3	S-C	3	19,1	S-C	22	26,2	SSW-C	22	19,3	SSW-C	9	20,0	C-WSW	9	13,5	C-WSW
Hagenau	21	5,2	C-NNW	26	3,9	C	3	26,9	C	3	29,2	C	20	15,0	S-WNW	20	10,1	S-WNW
Neumath	25	10,3	SE-SSE	25	10,8	SE-SSE	18	15,1	SE-S	18	11,1	SE-S	20	15,4	WSW-SW	20	14,0	WSW-SW
Melkerei	21	20,6	N-NE	21	15,5	N-NE	8	17,9	N	8	16,4	N	21	22,5	SW-WNW	21	20,5	SW-WNW

	August						September						October					
Fritzen	28	18,3	NNE-N	24	13,7	W	9	19,2	C-SW	9	21,1	C-SW	13	11,1	SW-W	13	5,2	SW-W
Kurwien	11	13,8	SW-SSW	2	10,8	C-NW	12	19,0	C	11	15,1	C	24	5,0	NE-ENE	24	5,3	NE-ENE
Carlsberg	28	34,1	NW-N	28	27,5	NW-N	4	30,3	W	22	37,6	SE-E	13	17,7	SW	13	20,5	SW
Eberswalde	11	8,8	W-WSW	27	6,8	C	11	11,7	C-ESE	11	10,4	C-ESE	14	12,5	S	14	12,3	S
Friedrichsrode	1	23,8	SW-WNW	1	21,1	SW-WNW	22	20,7	ESE-C	22	19,9	ESE-C	14	8,5	S-SW	14	6,2	S-SW
Sonnenberg	10	34,0	SW	10	28,9	SW	22	27,8	E-ESE	22	24,8	E-ESE	10?	27,6	WSW	10?	25,1	WSW
Marienthal	11	12,3	SW-WSW	11	7,8	SW-WSW	27	14,4	S-SW	27	13,1	S-SW	5	37,5	NE-ENE	5	26,4	NE-ENE
Hadersleben	9	37,1	SSE-SW	9	31,1	SSE-SW	4	14,8	NNE-N	9	16,9	NE	14	33,9	SSE-SSW	14	26,7	SSE-SSW
Schoo	9	22,1	S-SW	9	16,1	S-SW	8	10,2	SSW	8	7,8	SSW	5	16,9	E	5	9,1	E
Lahnhof	1	26,9	SW-SSW	16	15,6	S-SSW	9	37,8	SE-SSE	9	23,5	SE-SSE	12	35,6	WSW	12	24,2	WSW
Hollerath	12	24,1	NW-WSW	16	33,1	SW-SSW	8	47,8	S-SSE	8	48,6	S-SSE	12	23,2	W-WSW	12	17,6	W-WSW
St. Johann	27	41,0	SW-W	27	32,4	SW-W	1	32,7	C-NNW	2	22,4	NNW-NW	24	13,6	ESE-SSW	24	3,5	ESE SSW
Hagenau	16	26,0	S	16	18,2	S	2	36,6	C-WNW	2	20,7	C-WNW	24	24,5	C	24	22,5	C
Neumath	16	18,2	W	16	12,4	W	9	19,5	SW	9	13,8	SW	21	13,8	E	21	13,5	E
Melkerei	16	45,1	SW	16	30,2	SW	2	36,2	N-WNW	2	31,3	N-WNW	13	26,3	SW	13	18,5	SW

	November						December						Jahr					
Fritzen	6	7,0	WSW-W	6	6,2	WSW-W	22	3,4*	C	26	2,1	SW-W	9/9	19,2	C-SW	9 9	21,1	C-SW
Kurwien	5	5,8	S	5	5,7	S	21	7,9†	SSE-S	21	7,4†	SSE-S	21/5	22,5	NW-NNE	21/5	24,1	NW-NNE
Carlsberg	13	7,4	W	13	15,7?	W	21	19,1*	SW-WSW	21	16,0*	SW-WSW	28/8	34,1	NW-N	22/9	37,6	SE-E
Eberswalde	6	5,6	WSW	6	4,6	WSW	—	—	—	—	—	—	22/6	19,4	ESE-S	22/6	16,3	ESE-S
Friedrichsrode	22	4,6	SW	22	3,8	SW	20	5,9*	S-SE	21	6,1*	WNW-W	1/8	23,8	SW-WNW	1/8	21,1	SW-WNW
Sonnenberg	22	12,8	SW	22	9,9	SW	—	—	—	—	—	—	10,8	34,0	SW	10 8	28,9	SW
Marienthal	30	5,8	C-ESE	30	4,9	C-ESE	20	4,1†	SE-E	20	3,4†	SE-E	5 10	37,5	NE-ENE	5/10	26,4	NE-ENE
Hadersleben	26	15,0	S-WSW	26	10,6	S-WSW	18	16,7†	SW-WSW	18	12,3†	SW-WSW	9,8	37,1	SSE-SW	9/8	31,1	SSE-SW
Schoo	16	13,2	SW	16	6,7	SW	17	16,3	SSE	17	11,5	SSE	26/7	24,0	SW-SE	7,3	25,5	SE-SSE
Lahnhof	17	13,1	SSW-WSW	17	8,4	SSW-WSW	17	17,4†	ESE-SE	17	17,0	ESE-SE	9 9	37,8	SE-SSE	6 3	24,8	S-WSW
Hollerath	27	13,1	SSW	22	8,0	SW	21	16,4†	W-WNW	17	10,6	S	8,9	47,8	S-SSE	8 9	48,6	S-SSE
St. Johann	27	15,2	SW-S	11	0,5	C-SSE	20	5,7	SW-S	12	2,5	NW	27/8	41,0	SW-W	27,8	32,4	SW-W
Hagenau	17	3,7	S-SSW	28	1,0	S	20	8,0	C-WSW	20	5,2	C-WSW	2,9	36,6	C-WNW	3 6	29,2	C
Neumath	25	4,5	SE	25	3,8	SE	20	7,5	SE-SW	20	6,4	SE-SW	9,9	19,5	SW	20/7	14,0	WSW-SW
Melkerei	27	22,9	SSW	17	14,1	SW	17	13,8	SW	17	13,2	SW	10,3	45,7	SW	2,9	31,3	N-WNW

Tafel XXIV.

Anzahl der Tage mit atmosphärischem Niederschlag im Freien in den einzelnen Monaten und im Jahre.

	Jan.	Febr.	März	April	Mai	Juni	Juli	Aug.	Sept.	Octbr.	Novbr.	Decbr.	Jahr
Fritzen	19	19	19	7	10	14	13	19	17	14	20	16	187
Kurwien	10	8	11	3	7	12	9	16	11	13	13	12	125
Carlsberg	21	12	21	14	19	20	15	19	17	21	19	11	209
Eberswalde	10	10	15	8	10	17	14	18	14	21	18	13	168
Friedrichsrode	16	18	21	18	12	20	12	19	15	20	14	11	196
Sonnenberg	10	9	15	10	10	13	11	18	12	20	11	8	147
Marienthal	16	15	18	7	8	14	15	19	17	15	10	10	164
Hadersleben	9	12	17	9	12	13	16	21	22	19	18	12	180
Schoo	15	11	14	9	12	11	15	18	12	18	14	10	159
Lahnhof	16	12	17	12	12	14	12	19	14	20	13	10	171
Hollerath	12	11	17	14	12	13	12	21	15	17	16	11	171
St. Johann	13	13	13	12	12	15	12	13	15	14	10	9	151
Hagenau	14	16	14	10	13	17	11	19	19	17	11	13	174
Neumath	9	13	12	10	9	9	9	13	11	13	7	7	122
Melkerei	13	11	14	15	10	16	10	16	12	16	9	11	153

Tafel XXV.

Der in den einzelnen Monaten und im Jahr gefallene atmosphärische Niederschlag, verglichen mit der von einer freien Wasserfläche in derselben Zeit verdunsteten Wassermenge, beide ausgedrückt in Mm. Höhe.

| | Januar | | | | | | Februar | | | | | | März | | | | | |
| | Im Freien | | | Im Walde | | | Im Freien | | | Im Walde | | | Im Freien | | | Im Walde | | |
	Regen und Schnee	Verdunstung	Differenz	Regen und Schnee	Verdunstung	Differenz	Regen und Schnee	Verdunstung	Differenz	Regen und Schnee	Verdunstung	Differenz	Regen und Schnee	Verdunstung	Differenz	Regen und Schnee	Verdunstung	Differenz
Fritzen	40,5	5,0	35,5	39,0	4,6	34,4	14,9	8,2	6,7	9,5	5,7	3,8	19,5	11,0	8,5	15,5	6,5	9,0
Kurwien	24,0	5,1	18,9	21,2	4,1	17,1	15,9	5,8	10,1	13,2	4,6	8,6	25,4	12,7	12,7	19,4	7,4	12,0
Carlsberg	24,4	3,0	21,4	30,2	0,9	29,3	48,9	10,3	38,6	43,2	3,5	39,7	82,1	13,0	69,1	81,5	4,1	77,4
Eberswalde	23,1	5,5	17,6	18,6	1,6	17,0	26,1	11,0	15,1	19,0	3,9	15,1	40,4	23,5	16,9	37,6	10,5	27,1
Friedrichsrode	28,5	4,5	24,0	28,9	2,0	26,9	36,0	7,7	28,3	34,4	4,2	30,2	106,4	22,9	83,5	96,8	9,9	86,9
Sonnenberg	93,1	10,1	83,0	90,1	5,4	84,7	127,8	16,1	111,7	121,9	9,9	112,0	193,4	23,6	169,8	173,0	13,4	159,6
Marienthal	30,0	5,5	24,5	28,1	1,9	26,2	27,6	11,8	15,8	24,4	5,9	18,5	89,9	25,8	64,1	75,9	13,9	62,0
Hadersleben	35,5	4,1	31,4	34,3	2,5	31,8	22,6	4,8	17,8	30,3?	3,0	27,3	44,6	12,2	32,4	40,8	7,1	33,7
Schoo	19,6	8,6	11,0	42,4?	3,5	38,9	20,2	9,7	10,5	25,7	4,6	21,1	62,1	19,0	43,1	63,2	7,8	55,4
Lahnhof	62,0	4,8	57,2	50,4	1,4	49,0	76,5	6,4	70,1	79,7	3,2	76,5	176,6	20,7	155,9	133,6	11,6	122,0
Hollerath	34,4	—	—	22,7	1,5	21,2	87,1	2,5?	84,6	59,2	3,7	55,5	104,4	18,4	86,0	72,9	10,0	62,9
St. Johann	26,1	7,7	18,4	15,9	4,0	11,9	38,7	15,5	23,2	21,4	6,9	14,5	60,4	37,5	22,9	31,6	18,7	12,9
Hagenau	44,9	11,4	33,5	36,2	3,3	32,9	52,9	11,9	41,0	30,8	4,2	26,6	74,5	37,4	37,1	58,7	15,2	43,5
Neumath	32,1	—	—	36,5	3,8	32,7	53,4	34,4	19,0	45,2	10,5	34,7	84,3	47,6	36,7	68,0	19,5	48,5
Melkerei	94,7	7,2	87,5	91,7	4,1	87,6	109,7	11,8	97,9	105,1	7,4	97,7	224,4	28,2	196,2	167,0	17,6	149,4

Anm. Die Differenz zwischen atmosphärischem Niederschlag und Verdunstung ist als negativ bezeichnet, wenn die Verdunstung den Niederschlag übertraf·

	April						Mai						Juni					
	Im Freien			Im Walde			Im Freien			Im Walde			Im Freien			Im Walde		
	Regen und Schnee	Ver-dunstung	Differenz	Regen und Schnee	Ver-dunstung	Differenz	Regen und Schnee	Ver-dunstung	Differenz	Regen und Schnee	Ver-dunstung	Differenz	Regen und Schnee	Ver-dunstung	Differenz	Regen und Schnee	Ver-dunstung	Differenz
Fritzen	15,2	31,8	—16,6	12,3	15,0	— 2,7	15,9	35,9	—20,0	9,2	25,5	—16,3	55,7	36,8	18,9	29,9	22,5	7,4
Kurwien	6,2	28,8	—22,6	4,7	14,2	— 9,5	54,3	49,8	4,5	49,2	22,8	26,4	71,5	49,7	21,8	55,2	21,9	33,3
Carlsberg	38,7	19,8	18,9	32,3	8,7	23,6	59,2	36,2	23,0	73,6?	16,1	57,5	102,6	38,8	63,8	95,2	14,9	80,3
Eberswalde	9,1	55,3	—46,2	5,0	23,1	—18,1	24,6	79,2	—54,6	19,3	36,5	—17,2	95,9	59,3	36,6	73,6	27,5	46,1
Friedrichsrode	17,4	41,1	—23,7	20,1?	22,3	— 2,2	20,9	78,3	—57,4	15,4	40,5	—25,1	68,2	55,0	13,2	45,6	14,5	31,1
Sonnenberg	34,7	41,1	— 6,4	26,4	17,6	8,8	42,8	45,3	— 2,5	28,2	20,8	7,4	56,5	39,8	16,7	33,9	25,9	8,0
Marienthal	2,2	39,0	—36,8	1,8	24,3	—22,5	16,3	69,4	—53,1	7,9	30,8	—22,9	53,0	51,5	1,5	34,2	16,3	17,9
Hadersleben	15,1	32,0	—16,9	12,8	20,8	— 8,0	49,3	43,8	5,5	35,0	24,7	10,3	40,9	43,1	— 2,2	22,8	17,0	5,8
Schoo	6,4	43,8	—37,4	2,8	22,1	—19,3	35,6	63,0	—27,4	23,6	24,6	— 1,0	43,4	57,8	—14,4	20,5	21,8	— 1,3
Lahnhof	26,6	32,3	— 5,7	24,7	20,2	4,5	35,4	57,9	—22,5	10,3?	35,4	—25,1	56,9	45,8	11,1	34,7	18,7	16,0
Hollerath	47,7	21,3	26,4	29,7	10,9	18,8	49,9	47,0	2,9	24,0	24,0	0,0	37,2	40,2	— 3,0	16,3	23,2	— 6,9
St. Johann	82,1	31,2	50,9	41,4	14,1	27,3	90,8	51,7	39,1	53,9	22,7	31,2	105,4	48,9	56,5	52,8	15,1	37,7
Hagenau	56,8	36,1	20,7	43,4	18,2	25,2	21,2	59,8	—38,6	9,2	24,9	—15,7	85,9	47,3	38,6	67,2	20,1	47,1
Neumath	54,0	37,5	16,5	46,8	28,2	18,6	30,9	58,1	—27,2	24,4	27,8	— 3,4	45,0	69,5	—24,5	23,3	18,1	5,2
Melkerei	109,3	24,9	84,4	88,9	12,5	76,4	45,6	55,0	— 9,4	38,4	29,7	8,7	85,1	50,8	34,3	67,9	18,5	49,4

	Juli						August						September					
Fritzen	30,7	24,5	6,2	12,8	17,8	— 5,0	71,4	36,1	35,3	56,4	14,3	42,1	81,9	22,4	59,5	65,8	5,4	60,4
Kurwien	24,8	55,3	—30,5	14,1	27,5	—13,4	76,4	34,7	41,7	55,4	14,0	41,4	58,8	24,0	34,8	47,7	9,3	38,4
Carlsberg	75,6	59,8	15,8	59,6	23,3	36,3	95,2	42,7	52,5	60,6	15,8	44,8	117,9	17,2	100,7	130,5?	5,5	125,0
Eberswalde	43,3	69,1	—25,8	29,4	34,0	— 4,6	60,2	48,7	11,5	39,1	24,0	15,1	57,0	27,8	29,2	42,3	11,7	30,6
Friedrichsrode	39,8	75,0	—35,2	25,3	23,5	1,8	116,1	50,5	65,6	98,4	14,4	84,0	41,6	27,1	14,5	33,2	6,8	26,4
Sonnenberg	105,8	36,5	69,3	81,3	23,2	58,1	203,6	21,9	181,7	176,7	12,5	164,2	82,5	15,5	67,0	71,7	9,9	61,8
Marienthal	47,7	69,9	—22,2	24,5	23,9	0,6	63,4	57,5	5,9	40,7	13,8	26,9	64,6	30,8	33,8	50,1	7,9	42,2
Hadersleben	94,7	43,4	51,3	70,1	15,8	54,3	121,2	31,9	89,3	92,8	11,8	81,0	85,5	17,9	67,6	77,2	7,6	69,6
Schoo	113,6	66,3	47,3	73,7	14,1	59,6	121,8	53,2	68,6	75,0	10,2	64,8	33,3	35,3	— 2,0	20,4	11,3	9,1
Lahnhof	75,6	64,0	11,6	37,2	27,0	10,2	161,2	31,7	129,5	95,4	12,3	83,1	85,4	18,6	66,8	56,7	1,1?	55,6
Hollerath	61,0	65,1	— 4,1	40,6	31,8	8,8	166,9	31,8	135,1	131,5	12,5	119,0	138,6	16,8	121,8	110,8	6,5	104,3
St. Johann	88,3	66,7	21,6	50,7	18,9	31,8	143,5	58,4	85,1	90,4	15,9	74,5	145,3	22,8	122,5	78,3	4,9	73,4
Hagenau	45,0	72,4	—27,4	21,2	25,1	— 3,9	124,3	48,0	76,3	85,6	16,5	69,1	111,6	21,6	90,0	67,1	5,8	61,3
Neumath	75,4	98,5	—23,1	50,7	28,5	22,2	80,6	74,7	5,9	49,5	16,0	33,5	90,0	30,5	59,5	64,0	5,7	58,3
Melkerei	74,5	78,6	— 4,1	56,9	31,8	25,1	189,1	43,8	145,3	133,8	15,2	118,6	155,2	22,3	132,9	113,5	6,1	107,4

	October						November						December					
Fritzen	33,0	22,1	10,9	14,9	11,4	3,5	44,0	9,0	35,0	31,4	3,0	28,4	13,6	8,0	5,6	9,2	3,4	5,8
Kurwien	25,9	21,6	4,3	23,0	9,9	13,1	27,2	5,7	21,5	18,9	1,0	17,9	19,6	4,1	15,5	19,0	2,0	17,0
Carlsberg	75,8	7,9	67,9	117,8?	2,4	115,4	28,9	9,2	19,7	51,2?	2,3	48,9	49,4	5,0	44,4	38,0	1,4	36,6
Eberswalde	61,2	22,5	38,7	45,8	9,1	36,7	28,8	16,5	12,3	19,1	6,2	12,9	22,1	12,8	9,3	16,8	3,5	13,3
Friedrichsrode	76,6	16,0	60,6	51,5	4,3	47,2	24,3	19,8	4,5	19,8	5,1	14,7	20,8	5,7	15,1	18,7	2,1	16,6
Sonnenberg	158,6	3,7	154,9	134,0	1,8	132,2	64,7	5,0	59,7	50,3	2,8	47,5	58,8	2,4	56,4	47,0	1,4	45,6
Marienthal	88,9	18,4	70,5	61,7	5,6	56,1	16,3	20,6	— 4,3	11,3	4,8	6,5	14,9	7,1	7,7	11,1	3,4	7,7
Hadersleben	106,7	17,2	89,5	80,6	7,6	73,0	68,3	8,8	59,5	55,1	5,4	49,7	48,5	4,8	43,7	35,1	3,4	31,7
Schoo	94,4	18,5	75,9	44,2	8,6	35,6	52,2	18,3	33,9	20,0	4,9	15,1	63,3	7,0	56,3	36,0	1,3	34,7
Lahnhof	103,5	12,7	90,8	68,2	1,7	66,5	64,7	10,0	54,7	47,3	4,4	42,9	79,8	4,7	75,1	66,6	1,1	65,5
Hollerath	88,8	9,9	78,9	46,7	4,4	42,3	67,6	11,8	55,8	37,7	6,5	31,2	64,5	—	—	37,1	2,5	34,6
St. Johann	66,1	18,7	47,4	15,8	12,0	3,8	38,1	16,1	22,0	1,8	9,9	— 8,1	22,6	9,3	13,3	7,6	5,2	2,4
Hagenau	89,0	23,9	65,1	68,1	6,4	61,7	17,9	14,4	3,5	4,9	4,7?	0,2	26,8	8,4	18,4	12,8	3,6	9,2
Neumath	75,9	29,3	46,6	57,2	7,0	50,2	22,6	30,0	— 7,4	17,0	8,9	8,1	29,2	17,5	11,7	25,8	4,7	21,1
Melkerei	140,5	9,4	131,1	112,7	2,5	110,2	70,2	25,3	44,9	52,6	12,0	40,6	61,5	14,5	47,0	53,8	8,4	45,4

| | Jahressumme | | | | | |
| | Im Freien | | | Im Walde | | |
	Regen und Schnee	Verdunstung	Differenz	Regen und Schnee	Verdunstung	Differenz
Fritzen	436,3	250,8	185,5	305,9	135,1	170,8
Kurwien	430,0	297,3	132,7	341,0	138,7	202,3
Carlsberg	798,7	262,9	535,8	813,7	98,9	714,8
Eberswalde	491,8	431,2	60,6	365,6	191,6	174,0
Friedrichsrode	596,6	403,6	193,0	488,1	149,6	338,5
Sonnenberg	1222,3	261,0	961,3	1034,5	144,6	889,9
Marienthal	514,7	407,3	107,4	371,7	152,5	219,2
Hadersleben	732,9	264,0	468,9	586,9	126,7	460,2
Schoo	665,9	400,5	265,4	447,5	134,8	312,7
Lahnhof	1004,2	309,6	694,6	704,8	138,1	566,7
Hollerath	948,1	264,8*	683,3*	626,7	133,5*	493,2*
St. Johann	907,4	384,2	523,2	461,6	148,3	313,3
Hagenau	750,8	392,6	358,2	505,2	148,0	357,2
Neumath	673,4	527,6*	145,8*	504,6	174,9*	329,7
Melkerei	1359,8	371,8	988,0	1082,3	165,8	916,5

Anm. Bei Angabe der Jahressumme bedeutet sowohl beim Niederschlag als auch bei der Verdunstung ein *, dass die Beobachtungen nicht vollständig ausgeführt worden sind. Welche Lücken dabei vorhanden waren, ist aus Tafel XXV selbst ersichtlich. Hat eine der beiden Zahlen, zwischen welchen die Differenz genommen ist, das Zeichen *, so sind bei der Bestimmung derselben nur diejenigen Monate berücksichtigt, in welchen sowohl die Regenmenge als auch die Verdunstung beobachtet wurde.

7. Bewölkung.

Tafel XXVI.

Monatsmittel der um 8h Morgens und 2h Mittags beobachteten Bewölkung und Mittel aus beiden, angegeben nach der Scala 0—10, wo 0 einen völlig wolkenlosen und 10 einen ganz bewölkten Himmel bedeutet.

In St. Johann fanden die Beobachtungen im Winter (October bis April) um 9h Morgens und 4h Nachmittags und im Sommer (Mai bis September) um 7h Morgens und 6h Nachmittags statt.

	8h	2h	Mittel	8h	2h	Mittel	8h	2h	Mittel	8h	2h	Mittel	8h	2h	Mittel	8h	2h	Mittel
	Januar			Februar			März			April			Mai			Juni		
Fritzen	7,3	7,2	7,2	7,8	7,9	7,8	6,6	6,6	6,6	3,7	3,4	3,6	4,5	5,6	5,1	6,3	6,4	6,3
Kurwien	5,5	4,6	5,0	7,4	7,9	7,7	6,1	6,7	6,4	3,1	3,8	3,5	4,4	4,5	4,4	5,8	6,6	6,2
Carlsberg	6,9	6,5	6,7	7,9	7,0	7,4	7,3	7,7	7,5	5,7	7,0	6,4	5,3	6,7	6,0	6,2	6,8	6,5
Eberswalde	5,8	5,8	5,8	7,9	7,5	7,7	6,8	7,2	7,0	4,3	4,8	4,6	5,2	5,8	5,5	5,9	7,1	6,5
Friedrichsrode	5,7	5,8	5,8	7,6	6,7	7,2	7,1	6,6	6,9	6,0	6,8	6,4	6,5	6,9	6,7	6,9	7,1	7,0
Sonnenberg	6,9	5,5	6,2	7,2	6,6	6,9	7,6	6,9	7,3	6,3	7,1	6,7	6,4	7,3	6,9	7,4	8,1	7,8
Marienthal	4,9	4,5	4,7	6,3	5,6	6,0	5,9	6,1	6,0	4,5	5,5	5,0	4,8	5,1	5,0	5,7	6,0	5,9
Hadersleben	6,2	5,5	5,9	8,1	7,8	8,0	5,9	7,0	6,4	3,8	4,1	4,0	6,2	5,7	6,0	6,4	6,1	6,3
Schoo	6,2	6,8	6,5	7,6	7,5	7,6	6,1	6,5	6,3	4,7	5,3	5,0	6,7	5,6	6,2	6,8	7,0	6,9
Lahnhof	6,1	5,8	5,9	7,2	7,1	7,2	7,2	6,9	7,0	7,9	7,7	7,8	6,4	7,0	6,7	7,8	7,9	7,8
Hollerath	6,9	6,3	6,6	6,9	7,2	7,0	6,7	6,4	6,6	7,7	7,5	7,6	5,1	5,5	5,3	6,5	6,9	6,7
St. Johann	6,6	5,5	6,1	6,1	6,3	6,2	6,2	6,1	6,2	7,9	7,3	7,6	5,5	5,6	5,5	7,3	7,0	7,1
Hagenau	6,8	7,0	6,9	8,6	8,0	8,3	6,5	6,4	6,4	7,3	7,0	7,2	5,3	6,1	5,7	5,6	6,9	6,2
Neumath	7,4	7,1	7,3	7,8	7,3	7,6	6,2	6,4	6,3	7,6	7,9	7,7	5,9	5,6	5,7	5,9	7,0	6,5
Melkerei	5,2	5,8	5,5	6,2	6,5	6,3	6,7	5,2	6,0	6,9	7,6	7,2	4,8	5,4	5,1	4,6	6,3	5,4

	8^h	2^h	Mittel	8^h	2^h	Mittel	8^h	2^h	Mittel	8^h	2^h	Mittel	8^h	2^h	Mittel	8^h	2^h	Mittel
	Juli			August			September			October			November			December		
Fritzen	6,6	6,2	6,4	7,5	6,5	7,0	7,6	7,0	7,3	6,7	6,9	6,8	9,1	8,3	8,7	8,7	9,4	9,1
Kurwien	5,9	5,5	5,7	5,6	6,1	5,9	5,6	5,3	5,5	6,8	6,5	6,7	7,3	7,5	7,4	8,8	7,6	8,2
Carlsberg	5,4	6,1	5,8	6,7	7,0	6,9	6,4	6,4	6,4	8,5	8,6	8,6	7,2	7,4	7,3	7,9	7,7	7,8
Eberswalde	5,2	5,9	5,6	7,8	7,5	7,7	6,3	6,3	6,3	7,9	7,8	7,9	6,9	6,8	6,9	8,4	8,1	8,3
Friedrichsrode	6,4	5,6	6,0	7,3	6,9	7,1	7,1	6,5	6,8	7,3	8,0	7,7	7,1	6,8	6,9	6,5	6,6	6,6
Sonnenberg	5,8	5,5	5,7	8,1	8,2	8,1	8,6	8,1	8,4	8,8	8,7	8,8	8,1	7,2	7,6	8,6	8,2	8,4
Marienthal	5,2	4,9	5,1	6,5	5,9	6,2	6,9	6,6	6,7	7,6	7,7	7,7	6,5	6,3	6,4	8,5	7,5	8,0
Hadersleben	8,0	7,5	7,7	8,0	7,8	7,9	8,5	7,6	8,0	7,2	7,9	7,6	7,6	8,2	7,9	8,5	9,1	8,8
Schoo	7,4	6,8	7,1	7,8	8,6	8,2	8,0	8,2	8,1	8,4	8,2	8,3	7,3	7,8	7,5	9,1	8,8	9,0
Lahnhof	5,6	6,5	6,0	8,3	7,8	8,0	9,4	7,9	8,6	8,6	8,7	8,7	8,0	7,8	7,9	9,0	8,8	8,9
Hollerath	4,4	4,4	4,4	8,0	7,1	7,6	7,9	7,7	7,8	8,4	8,0	8,2	7,7	6,6	7,2	8,3	7,2	7,8
St. Johann	5,3	4,4	4,9	6,3	6,3	6,3	7,3	6,6	7,0	8,8	7,3	8,1	5,7	5,7	5,7	6,6	6,6	6,6
Hagenau	5,4	4,9	5,2	7,2	7,4	7,3	8,0	8,1	8,0	7,9	8,3	8,1	8,3	6,5	7,4	9,1	7,9	8,5
Neumath	5,0	5,3	5,2	7,6	7,0	7,3	8,1	7,7	7,9	7,9	7,5	7,7	7,3	6,8	7,1	8,4	7,9	8,2
Melkerei	3,9	3,6	3,7	7,2	6,4	6,8	6,9	7,8	7,4	7,5	8,2	7,9	5,5	6,2	5,9	5,7	6,2	6,0

Tafel XXVII.

Jahresmittel der um 8ʰ Morgens und um 2ʰ Mittags beobachteten Bewölkung und Jahresmittel aus beiden, angegeben nach der Scala 0—10, wo 0 einen völlig wolkenlosen und 10 einen ganz bewölkten Himmel bedeutet.

In St. Johann fanden die Beobachtungen im Winter (October bis April) um 9ʰ Morgens und 4ʰ Nachmittags und im Sommer (Mai bis September) um 7ʰ Morgens und 6ʰ Nachmittags statt.

	8ʰ	2ʰ	Mittel aus beiden
Fritzen	6,9	6,8	6,8
Kurwien	6,0	6,1	6,1
Carlsberg	6.8	7,1	6,9
Eberswalde	6,5	6,7	6,6
Friedrichsrode	6,8	6,7	6,8
Sonnenberg	7,5	7,3	7,4
Marienthal	6,1	6,0	6,1
Hadersleben	7,0	7,0	7,0
Schoo	7,2	7,3	7,2
Lahnhof	7,6	7,5	7,5
Hollerath	7,0	6,7	6,9
St. Johann	6,6	6,2	6,4
Hagenau	7,2	7,0	7,1
Neumath	7,1	7,0	7,0
Melkerei	5,9	6,3	6,1

Tafel XXVIII.

Anzahl der ganz hellen, theilweise trüben und ganz trüben Tage.

	Anzahl der ganz hellen Tage	Anzahl der theilweise trüben Tage	Anzahl der ganz trüben Tage
Fritzen	58	121	186
Kurwien	80	136	149
Carlsberg	52	129	184
Eberswalde	52	143	170
Friedrichsrode	37	172	156
Sonnenberg	50	89	226
Marienthal	63	176	126
Hadersleben	39	149	177
Schoo	33	151	181
Lahnhof	31	122	212
Hollerath	59	111	195
St. Johann	59	142	164
Hagenau	31	148	186
Neumath	13	192	160
Melkerei	67	160	138

Anm. Als ganz helle Tage sind diejenigen gerechnet, bei welchen das Mittel der Bewölkung aus den beiden Beobachtungen Morgens 8^h und Mittags 2^h kleiner als 2 und als ganz trübe diejenigen, bei welchen dasselbe grösser als 8 war.

8. Zahl und Intensität der in den einzelnen Monaten beobachteten Winde.

Tafel XXIX.

(Die ersten Ziffern bedeuten die Anzahl, die zweiten die Summen der beobachteten Windstärken nach der Scala 0 bis 4; in St. Johann wurde die Scala 0 bis 6 benutzt und wurden die dazwischen liegenden Windstärken noch durch $\frac{1}{2}$ bezeichnet.

	N	NNE	NE	ENE	E	ESE	SE	SSE	S	SSW	SW	WSW	W	WNW	NW	NNW	Wind-stillen	Zahl d. Beob.
										Januar								
Fritzen	2;2	1;1	1;1	1;1	6;7	3;3	10;15	4;5	1;1	2;4	5;9	7;15	5;7	5;10	3;6	4;9	2	62
Kurwien	3;3	—	—	2;4	1;2	2;4	5;9	2;2	—	1;2	—	3;7	15;24	6;9	3;3	2;3	17	62
Carlsberg	1;1	2;2	1;2	1;2	2;4	1;1	—	1;1	1;3	3;6	7;12	11;23	6;11	6;12	2;3	3;7	14	62
Eberswalde	—	—	2;3	2;4	7;9	1;1	—	—	5;5	3;3	2;2	3;3	8;10	—	1;1	2;2	26	62
Friedrichsrode	1;1	—	2;3	—	8;12	2;3	5;5	1;2	3;3	1;1	5;7	9;16	9;12	—	6;11	—	10	62
Sonnenberg	1;2	1;1	8;8	1;1	8;11	2;3	1;1	1;1	5;5	2;2	12;12	6;7	7;10	1;1	2;3	1;1	3	62
Marienthal	2;2	—	5;7	4;8	5;7	4;5	4;7	3;4	6;6	2;2	5;7	5;9	3;6	3;6	1;1	2;5	8	62
Hadersleben	3;8	—	3;5	3;5	1;3	3;5	1;1	1;2	—	—	8;15	7;7	3;4	2;3	1;1	—	26	62
Schoo	3;4	—	3;8	—	12;24	1;2	9;15	1;2	8;13	2;3	10;17	—	2;3	—	5;7	—	6	62
Lahnhof	—	—	13;22	5;7	4;10	2;3	2;2	3;5	2;2	8;10	2;2	6;8	1;1	4;4	1;1	2;3	7	62
Hollerath	2;2	6;6	—	2;2	1;1	2;2	2;4	1;3	4;11	16;21	5;11	2;4	1;1	3;3	5;6	4;4	6	62
St. Johann	—	—	—	6;8$\frac{1}{2}$	6;17$\frac{1}{2}$	4;3	—	2;2$\frac{1}{2}$	4;3$\frac{1}{2}$	3;2$\frac{1}{2}$	5;7$\frac{1}{2}$	2;1	1;3	1;$\frac{1}{2}$	—	1;$\frac{1}{2}$	27	62
Hagenau	—	8;16	11;22	7;16	1;2	—	—	1;1	3;5	5;9	2;3	—	3;5	—	—	—	21	62
Neumath	1;1	—	2;3	3;5	15;25	1;1	8;13	—	6;9	1;2	13;23	1;1	5;6	—	—	1;1	5	62
Melkerei	1;3	1;2	7;9	10;13	2;2	4;4	3;5	4;6	3;3	3;3	11;18	2;2	5;5	2;2	—	2;2	2	62

	N	NNE	NE	ENE	E	ESE	SE	SSE	S	SSW	SW	WSW	W	WNW	NW	NNW	Wind-stillen	Zahl d. Beob.
Februar																		
Fritzen	3;3	—	2;3	—	1;2	3;3	9;13	9;15	8;14	2;2	5;6	3;7	4;4	2;4	—	—	5	56
Kurwien	1;2	—	1;1	—	—	6;12	10;19	6;11	5;8	2;4	2;4	2;3	5;6	4;5	2;2	3;4	7	56
Carlsberg	—	—	—	—	—	—	2;2	2;2	1;1	2;4	15;32	3;4	6;8	5;7	1;2	25	17	56
Eberswalde	1;1	—	—	1;1	16;23	1;1	2;3	1;1	5;6	1;1	1;1	—	7;10	1;2	2;5	1;1	16	56
Friedrichsrode	—	—	—	—	7;8	2;2	14;15	1;1	6;7	2;2	7;13	5;7	5;5	—	7;15	—	—	56
Sonnenberg	1;1	1;1	—	2;2	7;7	1;1	3;3	3;3	2;2	5;5	10;14	5;6	4;6	—	4;6	2;4	6	56
Marienthal	—	—	1;1	3;5	9;13	9;14	3;6	4;5	5;7	1;2	3;4	2;4	4;7	5;10	1;1	—	6	56
Hadersleben	6;10	1;2	3;6	10;19	8;16	5;8	1;1	—	2;2	—	5;6	—	1;2	2;2	1;1	—	11	56
Schoo	12;24	—	—	—	16;33	—	9;18	—	5;8	2;4	8;15	—	3;5	—	—	—	1	56
Lahnhof	—	3;5	5;6	8;12	3;5	2;2	4;4	3;3	1;2	8;15	—	5;10	1;2	2;3	—	4;6	7	56
Hollerath	1;1	3;3	2;2	—	1;1	1;1	—	2;2	9;10	9;11	10;18	4;7	3;5	1;2	1;1	7;7	2	56
St. Johann	—	—	—	—	—	1;1	4;2	4;2	3;1½	—	4;7	7;14	2;1½	2;1	3;2	—	26	56
Hagenau	—	1;1	3;3	1;1	2;2	—	—	2;2	1;1	5;13	—	4;8	2;6	1;1	—	—	34	56
Neumath	—	—	—	1;2	5;7	4;5	15;20	2;3	5;5	1;2	5;9	4;10	4;7	1;2	1;1	—	8	56
Melkerei	—	1;1	—	—	—	—	—	1;2	3;3	7;12	20;25	7;8	2;3	4;4	1;1	7;7	3	56
März																		
Fritzen	3;4	8;10	2;2	2;2	1;2	1;1	2;2	8;12	3;7	1;1	—	5;10	9;13	8;16	3;7	4;5	2	62
Kurwien	6;10	2;4	1;2	—	—	—	2;4	3;5	4;8	3;6	1;2	1;3	7;13	12;27	9;12	—	11	62
Carlsberg	1;2	5;9	8;10	—	5;6	2;3	—	1;4	1;3	2;4	7;13	1;1	10;24	6;12	7;11	3;6	3	62
Eberswalde	—	1;2	2;2	1;1	8;13	1;1	1;1	1;1	2;3	3;5	3;4	2;4	19;34	3;7	1;1	—	14	62
Friedrichsrode	—	—	—	—	11;17	5;8	5;9	—	1;2	2;2	5;11	4;8	20;36	7;14	2;4	—	—	62
Sonnenberg	2;3	—	1;1	2;3	10;17	4;4	2;3	—	1;1	2;3	9;18	10;25	11;22	5;8	—	3;3	—	62
Marienthal	—	—	1;2	2;2	8;17	8;11	4;6	4;6	1;1	4;6	2;3	11;27	12;26	3;7	2;2	—	—	62
Hadersleben	2;3	—	1;1	4;7	3;8	5;11	1;2	—	3;4	1;2	8;11	18;29	7;15	2;4	2;4	—	5	62
Schoo	7;15	—	—	—	8;25	—	10;23	1;2	2;4	1;2	5;12	—	15;36	—	9;14	—	3	61
Lahnhof	—	4;4	6;10	8;15	2;6	1;2	3;3	1;1	2;2	5;11	3;5	23;47	1;2	2;4	—	1;1	—	62
Hollerath	1;1	3;3	3;4	1;2	2;3	2;3	3;6	5;8	2;3	3;6	5;11	11;17	8;12	8;9	3;3	—	2	62
St. Johann	1;1	—	1;½	3;5	11;18½	1;½	2;2	—	3;6½	1;½	5;7	16;32	7;11	5;4½	1;½	1;½	4	62
Hagenau	—	5;9	10;29	1;3	3;4	—	—	1;1	3;4	4;9	6;12	10;25	9;18	—	—	—	10	62
Neumath	2;2	—	4;5	3;6	11;20	—	4;6	—	—	2;4	15;34	6;13	8;14	1;2	5;6	—	1	62
Melkerei	1;1	1;1	3;5	—	7;8	4;6	4;7	4;6	5;8	12;19	14;31	1;1	3;3	1;2	—	2;2	—	62

95

April

Fritzen	2;2	6;10	8;11	7;7	3;3	—	8;8	2;3	1;1	1;1	3;6	4;7	2;4	7;9	1;1	4;5	1	60
Kurwien	3;5	2;4	5;10	3;5	6;10	4;5	3;3	—	1;3	1;2	2;5	4;7	6;13	6;10	4;6	1;2	9	60
Carlsberg	—	2;3	13;22	2;3	4;7	3;4	6;8	5;6	1;1	—	4;8	3;6	3;5	2;3	6;8	1;2	5	60
Eberswalde	—	1;1	4;5	1;1	21;36	2;3	—	—	1;1	1;1	—	2;3	9;11	2;2	3;4	—	13	60
Friedrichsrode	1;2	2;4	3;5	3;6	10;19	6;12	10;17	3;5	—	2;2	1;2	—	6;12	6;13	7;18	—	—	60
Sonnenberg	—	—	3;5	4;6	14;29	3;4	12;16	1;1	—	—	4;7	2;3	14;21	1;2	1;2	1;2	—	60
Marienthal	—	4;8	4;7	4;7	17;34	7;14	—	1;1	1;1	5;9	2;3	7;13	7;17	—	1;2	—	—	60
Hadersleben	2;5	2;3	8;10	4;5	10;19	9;15	—	—	—	1;2	2;3	7;12	5;9	1;1	1;1	3;7	5	60
Schoo	2;6	—	10;20	—	12;23	—	13;29	—	—	2;4	6;9	—	1;2	—	12;25	2;6	—	60
Lahnhof	—	5;14	10;20	13;21	—	6;10	1;1	1;1	—	3;6	1;1	11;19	4;6	1;1	—	3;5	1	60
Hollerath	3;4	3;5	6;7	2;3	4;5	3;4	3;4	10;11	1;1	4;4	2;3	3;3	2;2	3;3	1;1	8;9	2	60
St. Johann	2;1	—	2;1½	6;6	14;13	1;½	—	—	1;½	—	6;7	2;5½	4;5	8;9	4;5	1;½	9	60
Hagenau	—	6;8	29;59	1;1	—	1;1	—	—	3;3	1;1	1;1	3;6	3;4	2;5	2;2	—	8	60
Neumath	4;6	1;2	1;2	1;2	20;33	3;3	11;14	1;1	—	—	3;4	1;2	11;15	1;1	1;1	1;1	—	60
Melkerei	5;5	1;1	18;22	5;5	1;1	1;1	3;3	5;5	4;4	9;9	1;1	1;1	1;1	—	2;2	3;3	—	60

Mai

Fritzen	5;8	5;10	8;13	—	2;4	—	2;3	4;6	2;2	4;5	2;2	—	6;7	7;12	5;6	9;13	1	62
Kurwien	5;7	4;9	9;18	5;8	2;3	1;2	1;1	2;4	4;5	3;4	3;7	1;3	3;5	7;10	6;9	2;4	4	62
Carlsberg	4;5	8;18	8;17	1;1	10;15	4;5	1;1	1;2	5;9	1;2	6;9	1;1	1;1	1;1	4;6	3;6	3	62
Eberswalde	5;5	1;1	9;13	1;2	7;12	—	1;1	—	6;6	—	4;6	1;1	6;8	2;2	1;1	1;2	17	62
Friedrichsrode	—	—	7;11	8;18	8;17	1;2	1;1	1;1	3;5	1;2	9;22	6;11	6;13	4;11	4;7	3;5	—	62
Sonnenberg	4;8	2;4	8;14	5;10	8;12	4;4	—	—	2;3	9;14	9;18	2;4	4;7	2;3	2;4	1;1	—	62
Marienthal	11;15	3;6	6;9	2;2	2;3	—	2;2	1;2	4;6	6;11	10;19	4;8	8;19	1;2	1;2	—	1	62
Hadersleben	3;6	—	6;9	5;10	6;10	1;1	—	—	4;4	3;5	13;22	9;16	5;10	—	—	—	7	62
Schoo	3;6	3;6	9;18	4;7	5;7	1;2	—	—	1;2	2;4	11;22	4;7	3;7	3;4	8;13	4;7	1	62
Lahnhof	1;1	11;15	7;14	5;11	—	2;3	—	3;5	1;1	10;17	2;5	7;11	1;1	4;4	1;2	7;9	2	62
Hollerath	6;8	4;4	8;8	2;3	4;6	1;1	1;1	1;1	2;4	4;8	5;8	6;7	3;3	6;6	4;4	3;3	21	62
St. Johann	6;4	1;1½	3;4½	8;14	2;4	—	—	—	1;1½	2;2	4;4	5;7	3;3	1;½	4;3	1;½	13	62
Hagenau	—	2;3	23;54	—	1;1	—	1;1	1;1	4;6	1;3	5;9	5;6	2;4	2;4	1;1	1;1	—	62
Neumath	3;5	1;2	11;16	3;5	8;13	—	2;2	2;2	2;2	1;1	10;17	2;3	12;15	1;1	4;4	—	—	62
Melkerei	2;3	3;4	7;13	11;21	4;4	3;7	4;6	1;1	3;4	2;4	9;14	2;3	4;5	1;1	6;7	—	—	62

Juni

	N	NNE	NE	ENE	E	ESE	SE	SSE	S	SSW	SW	WSW	W	WNW	NW	NNW	Wind-stillen	Zahl d. Beob.
Fritzen	14;17	—	1;1	1;1	1;1	1;1	4;5	2;2	2;2	1;2	3;4	3;7	2;4	3;6	3;3	18;24	1	60
Kurwien	3;4	2;3	—	1;1	—	1;1	2;3	1;4	6;9	3;7	1;3	2;4	11;17	8;13	10;14	3;5	6	60
Carlsberg	5;7	3;6	3;3	1;1	2;3	—	1;1	—	3;4	1;2	8;11	3;4	7;13	4;7	7;14	5;6	7	60
Eberswalde	2;3	—	—	1;1	3;3	1;1	—	1;1	2;2	1;1	—	3;5	20;34	6;7	1;1	1;1	18	60
Friedrichsrode	2;3	—	—	3;3	2;4	1;1	1;1	1;2	2;3	2;4	5;8	5;10	6;12	13;29	11;19	5;8	1	60
Sonnenberg	2;2	—	—	—	2;2	3;3	2;2	4;4	2;4	7;11	7;8	7;9	12;18	6;12	2;2	3;3	1	60
Marienthal	1;1	—	2;2	2;2	5;6	2;2	1;1	4;4	3;4	2;2	4;6	23;42	7;15	1;2	2;3	—	1	60
Hadersleben	1;2	—	1;1	—	1;1	5;9	—	1;1	1;1	—	5;10	8;11	18;28	5;6	—	—	12	60
Schoo	3;3	2;3	1;2	2;3	2;2	1;1	3;5	2;3	1;1	4;7	6;13	5;10	1;1	4;7	14;25	8;13	1	60
Lahnhof	1;1	2;4	2;3	1;1	1;1	3;4	—	4;7	—	5;5	3;4	24;38	4;8	4;7	2;2	5;6	—	60
Hollerath	—	4;4	8;8	—	—	—	—	4;4	2;3	7;9	5;5	8;8	3;3	4;4	4;4	10;10	—	60
St. Johann	5;4½	1;1½	—	1;½	—	—	—	—	—	3;1½	6;6	8;7	5;3½	1;1½	2;1	—	28	60
Hagenau	—	2;3	2;2	—	1;1	—	—	1;1	5;6	3;4	4;5	6;11	8;13	2;3	4;6	2;3	20	60
Neumath	7;8	—	6;7	—	2;2	—	4;4	1;1	8;9	—	5;8	1;1	20;23	—	6;7	—	—	60
Melkerei	5;5	4;4	9;9	6;6	2;2	—	2;2	2;2	5;5	5;5	8;9	1;1	6;6	2;2	—	1;1	2	60

Juli

	N	NNE	NE	ENE	E	ESE	SE	SSE	S	SSW	SW	WSW	W	WNW	NW	NNW	Wind-stillen	Zahl d. Beob.
Fritzen	5;6	—	—	—	—	—	3;3	2;2	1;1	4;7	1;1	7;12	8;10	9;18	15;26	6;9	1	62
Kurwien	—	1;2	—	—	—	—	—	—	5;8	1;2	—	8;14	11;17	9;18	18;35	3;5	6	62
Carlsberg	—	—	3;5	—	3;4	—	—	—	1;2	3;6	10;18	13;22	12;24	8;13	5;8	1;2	3	62
Eberswalde	1;1	1;1	—	—	—	—	1;1	2;2	2;2	2;2	1;1	8;16	13;20	8;10	2;3	—	21	62
Friedrichsrode	2;3	—	1;2	—	2;4	—	4;7	2;3	2;4	2;4	7;12	14;30	11;22	8;15	4;8	3;6	—	62
Sonnenberg	1;1	1;1	1;1	1;1	—	1;1	—	—	2;3	13;16	22;30	5;8	9;14	2;2	1;1	2;2	1	62
Marienthal	—	—	—	1;2	2;2	1;2	8;10	5;6	6;7	8;17	10;19	14;28	3;4	2;3	—	1;1	1	62
Hadersleben	—	—	1;1	—	1;1	1;1	1;1	1;1	1;1	1;1	13;20	21;37	12;29	—	1;1	—	8	62
Schoo	2;4	1;1	—	—	—	2;4	—	—	5;9	9;14	10;20	9;16	4;8	11;23	5;8	1;1	1	62
Lahnhof	—	2;2	1;1	3;6	3;4	3;4	2;3	2;3	1;2	9;16	10;20	14;26	4;5	3;5	1;1	2;2	1	62
Hollerath	2;2	—	1;1	—	1;1	—	3;3	3;3	4;6	8;8	8;11	9;12	5;6	4;4	6;6	5;5	2	62
St. Johann	—	—	1;1½	1;1½	7;6	—	2;2	—	3;2	1;1½	5;4	4;4½	8;10½	—	1;2	1;1½	30	62
Hagenau	—	3;4	3;5	1;1	3;3	1;1	—	—	5;5	1;1	8;12	10;15	5;9	2;5	—	1;1	19	62
Neumath	3;4	—	1;2	—	4;5	1;2	6;7	—	8;9	2;3	13;25	5;9	17;28	—	2;3	—	—	62
Melkerei	4;4	3;3	2;2	1;1	—	3;3	7;8	1;1	6;6	11;14	13;17	1;1	4;4	4;5	2;2	—	—	62

August

Fritzen	1;2	3;4	—	—	—	1;1	1;1	3;3	1;1	1;1	6;9	7;11	12;24	17;22	6;9	3;5	—	62
Kurwien	1;2	—	—	—	—	1;1	—	1;2	6;10	1;1	2;5	9;12	15;22	5;7	5;7	1;1	15	62
Carlsberg	2;3	1;1	2;2	—	1;1	—	3;5	—	4;6	3;8	8;14	14;28	14;32	2;5	3;3	2;4	3	62
Eberswalde	—	—	—	—	—	2;2	2;3	3;3	4;7	6;10	6;9	8;12	11;19	3;4	—	1;1	16	62
Friedrichsrode	2;2	2;3	—	2;3	2;4	2;4	4;4	2;3	2;3	5;9	10;22	10;21	12;24	4;9	2;4	1;2	—	62
Sonnenberg	1;2	—	—	—	1;1	—	2;2	—	5;5	3;3	29;46	11;16	6;11	1;2	1;1	2;3	—	62
Marienthal	—	—	1;1	—	2;2	1;1	9;12	4;5	5;7	14;26	12;28	11;21	1;1	1;2	—	—	1	62
Hadersleben	—	—	—	1;2	—	1;1	1;1	2;3	3;6	3;5	11;23	19;31	12;22	—	—	—	9	62
Schoo	1;1	—	—	—	2;2	—	2;2	1;1	8;16	9;19	11;23	4;7	9;22	8;14	4;9	2;4	1	62
Lahnhof	—	1;1	2;3	3;5	—	3;5	2;2	4;7	2;4	17;39	4;9	17;38	3;6	3;6	—	1;2	—	62
Hollerath	—	1;1	—	—	—	—	1;2	—	7;9	8;14	16;30	7;11	7;9	6;7	8;8	1;1	—	62
St. Johann	1;½	—	—	1;½	1;3	—	—	—	2;2½	2;1½	18;19½	7;11½	5;4½	—	—	—	25	62
Hagenau	1;1	2;2	2;3	—	1;1	—	—	2;2	7;11	5;7	8;19	16;37	5;8	2;3	—	—	11	62
Neumath	1;1	—	1;1	—	1;2	—	2;2	—	3;3	2;3	21;38	5.11	17;30	3;4	4;7	—	2	62
Melkerei	1;1	1;1	—	—	—	1;1	1;1	1;1	7;8	13;19	22;34	2,4	3;3	4;4	3;3	—	3	62

September

Fritzen	1;2	—	1;1	3;3	6;8	7;11	11;12	8;10	2;3	6;11	6;11	1;1	—	4;6	1;2	—	3	60
Kurwien	—	—	1;1	4;8	6;12	7;13	7;9	2;2	3;4	2;4	3;5	2;2	5;6	1;2	2;2	1;1	14	60
Carlsberg	—	1;1	1;1	6;9	3;7	4;5	5;6	1;1	—	2;2	6;9	5;9	9;15	—	2;3	—	15	60
Eberswalde	1;1	1;1	2;3	9;17	4;4	10;15	2;3	4;5	4;5	5;8	2;3	3;5	5;8	3;6	1;1	—	4	60
Friedrichsrode	—	3;3	3;5	4;6	4;6	4;6	4;7	1;2	—	5;8	7;13	5;10	9;14	5;10	2;3	2;4	2	60
Sonnenberg	2;2	3;4	5;7	1;1	8;13	2;2	2;2	—	2;2	6;6	16;17	2;2	8;9	2;2	1;1	—	—	60
Marienthal	2;4	2;4	1;1	5;9	8;9	2;3	7;9	2;2	3;4	2;3	7;12	8;13	3;5	1;1	—	2;4	5	60
Hadersleben	1;2	4;6	10;15	2;6	5;12	3;4	6;10	—	1;2	1;1	2;3	—	9;15	—	1;1	—	15	60
Schoo	—	3;5	3;4	7;11	6;9	4;11	4;8	3;6	1;2	5;7	1;2	2;4	3;6	8;11	4;6	1;1	5	60
Lahnhof	1;1	3;6	1;1	3;6	6;12	2;3	4;8	5;8	1;1	8;15	—	17;28	2;2	3;4	—	3;5	1	60
Hollerath	2;2	2;2	2;3	—	—	—	2;3	5;9	5;6	9;14	6;9	7;8	5;6	4;5	6;6	3;3	2	60
St. Johann	2;1	1;½	—	1;1	5;4½	1;½	—	1;½	1;½	1;1	16;13½	3;1	6;2	1;1	3;2¼	3;2	15	60
Hagenau	—	4;6	4;5	4;5	1;1	—	—	2;3	1;2	4;5	4;9	3;4	4;5	1;1	1;1	3;3	24	60
Neumath	4;7	1;1	3;3	3;5	3;4	—	9;12	1;1	1;1	—	15;23	3;6	5;6	—	6;6	—	6	60
Melkerei	5;8	4;5	2;3	—	—	2;2	1;1	3;3	3;4	5;5	14;19	3;4	6;6	4;4	6;6	1;1	1	60

October

	N	NNE	NE	ENE	E	ESE	SE	SSE	S	SSW	SW	WSW	W	WNW	NW	NNW	Windstillen	Zahl d. Beob.
Fritzen	—	3;4	2;4	4;7	17;23	6;10	4;6	2;2	3;5	2;5	9;22	3;6	2;4	1;1	—	1;1	3	62
Kurwien	—	2;4	11;14	6;9	3;6	3;7	8;11	—	—	5;10	4;7	4;9	1;1	2;2	1;1	—	12	62
Carlsberg	10;11	1;2	6;10	5;7	12;13	1;1	1;1	2;3	2;6	1;2	5;10	9;23	2;4	—	2;4	—	3	62
Eberswalde	—	3;5	4;5	16;27	8;16	4;7	1;1	1;1	3;7	6;12	4;12	—	5;11	1;1	—	1;1	5	62
Friedrichsrode	1;2	3;5	4;8	11;21	13;25	4;7	1;2	1;2	3;6	3;6	4;11	1;2	9;21	2;5	1;1	1;2	—	62
Sonnenberg	1;1	1;1	10;14	11;18	11;21	3;3	1;1	1;2	—	—	7;11	5;8	7;17	1;3	2;3	1;1	—	62
Marienthal	4;5	5;7	13;14	3;5	9;13	—	2;4	1;1	4;7	2;4	7;13	5;11	4;8	1;1	—	—	2	62
Hadersleben	1;2	1;2	9;18	11;20	12;26	—	1;3	1;2	1;1	3;8	1;2	5;12	6;11	—	—	—	10	62
Schoo	1;1	2;3	7;13	12;23	15;25	1;1	—	—	1;3	4;10	3;9	2;6	3;8	3;7	3;8	—	5	62
Lahnhof	2;3	14;30	9;21	10;27	—	—	—	5;7	2;2	3;9	—	10;27	1;3	1;2	—	4;4	1	62
Hollerath	2;2	9;9	7;7	4;4	1;2	1;1	3;3	5;6	1;2	4;12	1;2	3;4	7;12	4;4	2;2	3;3	5	62
St. Johann	—	1;1½	10;7	7;8½	6;8	2;1	1;½	—	—	1;½	10;20	3;6½	7;6	1;½	1;½	—	12	62
Hagenau	—	6;13	19;45	5;7	—	—	—	—	4;7	2;5	2;4	4;8	3;5	2;5	—	—	15	62
Neumath	4;4	1;2	11;17	5;9	10;13	3;5	2;2	—	1;1	—	7;13	4;7	8;14	1;1	2;2	—	3	62
Melkerei	2;2	2;3	16;26	4;5	6;7	—	1;1	1;1	8;10	4;4	9;17	2;2	4;4	1;1	1;1	—	1	62

November

	N	NNE	NE	ENE	E	ESE	SE	SSE	S	SSW	SW	WSW	W	WNW	NW	NNW	Windstillen	Zahl d. Beob.
Fritzen	—	1;1	—	1;1	4;4	2;3	1;1	1;1	8;12	2;2	6;12	7;10	8;12	9;12	5;10	3;7	2	60
Kurwien	—	1;1	4;4	3;5	—	—	—	—	6;8	1;1	4;7	4;8	11;17	4;6	4;4	—	18	60
Carlsberg	1;1	—	2;2	1;2	1;2	1;2	1;1	—	—	4;6	13;27	8;15	10;22	3;5	5;9	1;3	9	60
Eberswalde	—	3;5	1;1	1;2	3;6	2;3	2;3	6;8	6;7	8;11	4;6	16;23	2;4	1;1	—	1;2	4	60
Friedrichsrode	—	—	—	2;3	4;8	2;3	7;12	1;2	2;3	9;21	11;23	8;16	7;14	6;13	1;2	—	—	60
Sonnenberg	1;1	—	1;1	1;2	3;5	—	3;3	—	1;1	—	27;49	6;7	8;12	1;1	2;2	—	6	60
Marienthal	—	—	1;1	—	7;17	2;4	4;8	4;11	10;20	9;24	11;28	3;12	3;11	1;4	2;4	—	3	60
Hadersleben	—	—	—	1;1	2;2	2;5	2;5	2;2	4;7	3;4	9;22	12;20	8;15	1;2	1;1	—	13	60
Schoo	—	—	—	—	—	—	9;17	1;1	12;22	6;14	15;31	7;11	2;6	2;4	1;2	2;4	3	60
Lahnhof	—	2;3	1;1	9;16	2;3	—	3;5	12;15	5;10	12;26	1;1	11;22	1;2	—	1;1	—	—	60
Hollerath	—	1;1	1;1	—	—	3;5	—	7;9	5;8	16;36	17;28	3;3	4;5	1;1	2;2	—	—	60
St. Johann	—	—	—	1;1½	7;11	3;3	—	6;4	5;6	3;5½	12;18½	6;6	3;2½	—	—	—	14	60
Hagenau	—	1;1	11;21	1;1	—	—	1;1	1;1	5;10	8;14	1;2	1;1	1;1	2;3	—	—	27	60
Neumath	—	—	3;3	—	5;8	3;6	9;11	—	3;3	2;2	18;37	2;3	4;5	—	2;2	—	9	60
Melkerei	—	—	2;2	1;1	4;4	1;1	3;4	1;1	1;2	9;15	16;19	9;11	2;3	3;3	6;6	—	2	60

December

Fritzen	2;2	—	—	—	3;3	1;1	23;34	2;3	6;10	2;5	6;10	2;5	5;13	5;10	—	2;2	3	62
Kurwien	—	—	—	—	5;6	2;2	12;19	6;9	3;4	2;4	3;4	4;9	3;6	8;10	1;1	—	13	62
Carlsberg	—	2;2	1;1	—	3;4	—	2;4	5;7	6;14	3;4	6;13	4;10	6;12	5;7	5;7	—	14	62
Eberswalde	—	—	—	2;2	9;15	11;11	3;3	9;9	5;6	6;11	1;3	6;8	5;7	1;3	—	—	4	62
Friedrichsrode	—	—	2;2	—	7;10	8;9	5;7	2;2	2;5	5;11	6;10	7;13	12;19	3;5	3;4	—	—	62
Sonnenberg	—	—	2;2	1;1	6;6	—	1;1	2;2	2;2	6;6	14;26	9;13	5;6	1;1	—	—	13	62
Marienthal	1;1	—	—	2;3	9;15	5;8	9;15	6;10	6;9	2;10	5;15	8;26	3;9	—	1;1	—	5	62
Hadersleben	—	1;1	1;1	—	7;12	1;1	5;6	4;7	4;7	2;2	9;17	5;11	5;11	—	—	—	18	62
Schoo	1;1	1;1	—	2;2	1;1	8;10	7;8	7;9	7;10	6;7	10;20	5;10	—	—	—	—	7	62
Lahnhof	1;2	1;1	6;6	3;3	2;3	4;6	3;4	9;14	2;2	8;13	5;6	9;18	2;5	2;3	—	1;2	4	62
Hollerath	—	—	—	—	—	—	—	3;3	7;15	16;22	7;8	8;10	7;10	4;5	1;1	—	9	62
St. Johann	—	—	1;½	—	8;8	—	3;2	3;2½	6;4½	1;½	7;11½	6;18½	—	—	5;3	—	22	62
Hagenau	—	1;1	6;11	2;3	—	—	—	1;1	1;2	4;6	2;3	6;18	1;1	1;1	—	—	37	62
Neumath	2;2	—	5;5	1;2	7;7	2;3	11;14	—	—	1;2	6;13	3;6	8;14	—	3;4	—	13	62
Melkerei	6;8	1;2	4;4	—	—	—	4;4	1;1	4;5	8;11	15;24	2;2	6;6	1;1	5;5	1;1	4	62

7*

9. Beobachtungen aus dem Pflanzen- nnd Thierleben.

Tafel XXX.

A. Erscheinungen des Pflanzenlebens.

Stationsort	Standort und Lage	Die Knospen schwellen	Erstes Blatt	Erste Blüthe	Reife der ersten Früchte	Vollständige Entlaubung od. Bräunung der Blätter
Abies excelsa, Fichte.						
Fritzen	frei	10. Mai	30. Mai	2. Juni	25. Oct.	—
Kurwien	geschützt	10. „	25. „	24. Mai	20. „	—
Carlsberg	eben	26. April	20. „	23. „	20. „	—
Eberswalde	eben	27. „	13. „	16. „	—	—
Friedrichsrode	südöstlich	21. Mai	2. Juni	18. „	29. Oct.	—
Sonnenberg	nördlich	4. Juni	14. „	—	—	—
Marienthal	geschützt	28. April	22. Mai	—	—	—
Hadersleben	eben	15. „	29. „	—	—	—
Schoo	geschlossen. Bestand	23. „	10. „	—	—	—
Lahnhof	nördlich	9. Mai	23. „	nicht geblüht		—
Hollerath	eben	10. „	28. „	—	—	—
Melkerei	südöstlich	20. „	—	14. Juni	1. Nov.	—
Abies pectinata, Weisstanne.						
Carlsberg	eben	29. April	28. Mai	23. Mai	16. Oct.	—
Friedrichsrode	eben	24. Mai	26. Juni	24. „	23. „	—
Marienthal	geschützt	28. April	25. Mai	—	—	—
Hadersleben	eben	2. Mai	28. „	—	—	—
Schoo	geschlossen. Bestand	23. April	10. „	—	—	—
Melkerei	—	13. Mai	—	7. Juni	8. Oct.	—
Acer platanoides, Spitzahorn.						
Fritzen	frei	26. April	27. Mai	6. Mai	4. Oct.	27. Oct.
Kurwien	frei	3. Mai	15. „	6. „	16. „	13. „
Carlsberg	eben	16. April	17. „	15. „	7. „	10 „
Eberswalde	östlich	18. „	6. „	28. April	—	21. „
Friedrichsrode	eben	30. „	15. „	11. Mai	16. Oct.	19. „
Hadersleben	eben	17. „	22. „	20. „	—	14. „
Schoo	—	18. „	15. „	21. „	1. Nov.	15. „

Stationsort	Standort und Lage	Die Knospen schwellen	Erstes Blatt	Erste Blüthe	Reife der ersten Früchte	Vollständige Entlaubung od. Bräunung der Blätter

Aesculus hippocastanum, Rosskastanie.

Stationsort	Standort und Lage	Die Knospen schwellen	Erstes Blatt	Erste Blüthe	Reife der ersten Früchte	Vollständige Entlaubung od. Bräunung der Blätter
Fritzen	frei	24. April	24. Mai	28. Mai	8. Oct.	24. Oct.
Kurwien	südlich	8. Mai	15. „	nicht geblüht		13. „
Carlsberg	eben	30. April	17. „	—	—	12. „
Eberswalde	südlich	17. „	9. „	29. Mai	20. Sept.	10. „
Friedrichsrode	eben	8. Mai	21. „	8. Juni	5. Oct.	20. „
Marienthal	frei	24. März	27. April	19. Mai	3. „	12. „
Hadersleben	eben u. frei	16. April	18. Mai	—	—	24. „

Alnus glutinosa, Schwarzerle.

Stationsort	Standort und Lage	Die Knospen schwellen	Erstes Blatt	Erste Blüthe	Reife der ersten Früchte	Vollständige Entlaubung od. Bräunung der Blätter
Fritzen	frei	25. April	20. Mai	—	—	5. Nov.
Kurwien	eben. u. frei	7. Mai	18. „	—	10. Oct.	20. Oct.
Eberswalde	nördlich	18. April	11. „	19. März	—	3. Nov.
Friedrichsrode	eben	30. „	19. „	17. „	28. Oct.	7. „
Marienthal	westlich	6. „	3. „	—	—	3. „
Hadersleben	eben u. frei	20. „	21. „	16. April	—	4. „
Schoo	—	11. „	3. „	6. „	4. Nov.	5. „
Lahnhof	nördlich	13. „	16. „	nicht geblüht		30. Oct.
Hagenau	südlich	25. März	6. „	3. März	8. Oct.	6. Nov.

Betula alba, Birke.

Stationsort	Standort und Lage	Die Knospen schwellen	Erstes Blatt	Erste Blüthe	Reife der ersten Früchte	Vollständige Entlaubung od. Bräunung der Blätter
Fritzen	eben u. frei	24. April	25. Mai	19. Mai	30. Aug.	30. Oct.
Kurwien	südlich	5. Mai	15. „	15. „	28. „	18. „
Carlsberg	eben	30. April	17. „	—	—	12. „
Eberswalde	eben	17. „	4. „	26. Mai	21. Aug.	29. „
Friedrichsrode	südöstlich	1. Mai	12. „	10. „	25. „	6. Nov.
Sonnenberg	frei	9. „	30. „	—	—	6. Oct.
Marienthal	westlich	25. März	3. „	—	—	5. Nov.
Hadersleben	eben u. frei	14. April	18. „	—	—	25. Oct.
Schoo	eben	20. März	10. April	7. Mai	—	15. „
Lahnhof	nördlich	12. April	12. Mai	nicht geblüht		11. Nov.
Hagenau	eben	19. März	18. April	—	—	18. „
Neumath	—	11. April	13. „	17. April	—	5. „

Calluna vulgaris, Heidekraut.

Stationsort	Standort und Lage	Die Knospen schwellen	Erstes Blatt	Erste Blüthe	Reife der ersten Früchte	Vollständige Entlaubung od. Bräunung der Blätter
Kurwien	schattig	10. Mai	17. Mai	24. Aug.	12. Okt.	—
Carlsberg	eben	5. „	17. „	16. Juli	—	—
Eberswalde	schattig	26. April	—	—	—	—
Sonnenberg	frei	—	9. Juni	3. Aug.	—	—
Marienthal	frei	—	—	5. „	—	—
Schoo	eben	14. Mai	31. Mai	10. „	—	—
Lahnhof	frei	17. „	30. „	28. „	—	—

Stationsort	Standort und Lage	Die Knospen schwellen	Erstes Blatt	Erste Blüthe	Reife der ersten Früchte	Vollständige Entlaubung od. Bräunung der Blätter

Corylus avellana, gemeine Haselnuss.

Stationsort	Standort und Lage	Die Knospen schwellen	Erstes Blatt	Erste Blüthe	Reife der ersten Früchte	Vollständige Entlaubung od. Bräunung der Blätter
Fritzen	eben	19. April	4. Juni	15. April	25. Sept.	27. Oct.
Kurwien	schattig	3. Mai	17. Mai	12. „	28. „	18. „
Eberswalde	nordwestl.	13. April	8. „	27. März	6. „	1. Nov.
Friedrichsrode	südöstlich	30. „	15. „	15. „	2. „	28. Oct.
Marienthal	geschützt	28. März	15. April	—	18. Aug.	2. Nov.
Hadersleben	westlich	17. April	23. Mai	14. April	10. Oct.	28. Oct.
Schoo	eben	10. März	24. April	4. März	9. Sept.	15. „
Lahnhof	nördlich	13. April	14. Mai	28. „	—	11. Nov.
Melkerei	—	18. „	8. „	20. „	26. „	4. „

Fagus sylvatica, Rothbuche.

Stationsort	Standort und Lage	Die Knospen schwellen	Erstes Blatt	Erste Blüthe	Reife der ersten Früchte	Vollständige Entlaubung od. Bräunung der Blätter
Carlsberg	südöstlich	18. April	18. Mai	27. Mai	18. Oct.	15. Oct.
Eberswalde	nördlich	20. „	3. „	—	22. Sept.	21. „
Friedrichsrode	eben	1. Mai	15. „	17. Mai	17. Oct.	28. „
Marienthal	geschützt	17. April	3. „	22. „	25. Spt.-25. Oct.	19. „
Hadersleben	eben u. schattig	16. „	16. „	23. „	16. Oct.	27. „
Schoo	eben	19. „	4. „	6. „	12. „	5. Nov.
Lahnhof	nördlich	22. „	17. „	30. „	15. „	12. „
Hollerath	südöstlich	8. Mai	25. „	—	—	7. „
Neumath	—	27. April	6. „	—	—	25. Oct.
Melkerei	—	25. „	15. „	24. Mai	3. Oct.	4. Nov

Galanthus nivalis, gemeines Schneeglöckchen.

Stationsort	Standort und Lage	Die Knospen schwellen	Erstes Blatt	Erste Blüthe	Reife der ersten Früchte	Vollständige Entlaubung od. Bräunung der Blätter
Fritzen	eben	—	—	27. März	—	—
Friedrichsrode	nördlich	12. März	18. März	16. „	—	15. Juni
Sonnenberg	frei	18. April	22. April	22. April	—	—
Marienthal	geschützt	—	—	27. März	—	—
Hadersleben	eben	—	—	18. „	—	—

Larix europaea, Lärche.

Stationsort	Standort und Lage	Die Knospen schwellen	Erstes Blatt	Erste Blüthe	Reife der ersten Früchte	Vollständige Entlaubung od. Bräunung der Blätter
Fritzen	frei	17. April	20. Mai	24. Mai	1. Nov.	15. Nov.
Kurwien	—	5. Mai	16. „	nicht geblüht		5. „
Carlsberg	eben	1. „	8. „	10. Mai	20. Oct.	25. Oct.
Friedrichsrode	nördlich	22. April	15. „	—·-	2. Nov.	16. Nov.
Marienthal	geschützt	11. „	19. April	—	—	8. „
Hadersleben	eben	14. „	13. Mai	—	—	27. Oct.
Schoo	im Garten	11. März	23. April	25. April	1. Nov.	5. Nov.

Stationsort	Standort und Lage	Die Knospen schwellen	Erstes Blatt	Erste Blüthe	Reife der ersten Früchte	Vollständige Entlaubung od. Bräunung der Blätter

Pinus sylvestris, gemeine Kiefer.

Stationsort	Standort und Lage	Die Knospen schwellen	Erstes Blatt	Erste Blüthe	Reife der ersten Früchte	Vollständige Entlaubung od. Bräunung der Blätter
Fritzen	westlich	5. Mai	28. Mai	4. Juni	—	—
Kurwien	südlich	9. „	26. „	30. Mai	18. Oct.	—
Carlsberg	eben	20. April	17. „	26. „	—	—
Eberswalde	eben	9. Mai	—	18. „	12. Oct.	—
Friedrichsrode	eben	14. „	—	8. Juni	9. Nov.	—
Marienthal	geschützt	17. April	18. Mai	—	—	—
Hadersleben	eben	23. „	3. Juni	10. Juni	—	—
Schoo	—	18. „	5. Mai	10. „	21. Oct.	—
Hagenau	eben	12. „	—	18. Mai	2. Nov.	1.–3. Oct.
Neumath	—	—	—	26. „	—	—

Prunus avium, süsse Kirsche.

Stationsort	Standort und Lage	Die Knospen schwellen	Erstes Blatt	Erste Blüthe	Reife der ersten Früchte	Vollständige Entlaubung od. Bräunung der Blätter
Fritzen	frei	23. April	24. Mai	16. Mai	28. Juni	28. Oct.
Kurwien	—	3. Mai	14. „	23. „	25. Juli	12. „
Carlsberg	eben	19. April	15. „	28. „	28. „	11. „
Eberswalde	frei	18. „	21. „	8. „	—	22. „
Friedrichsrode	eben	1. Mai	16. „	15. „	8. Juli	25. „
Marienthal	frei	12. April	3. „	9. „	30. Juni	26. „
Hadersleben	eben	15. „	24. „	22. „	26. Juli	25. „
Lahnhof	nordöstlich	7. Mai	9. Juni	14. Juni	3. Aug.	27. „
Hagenau	eben	16. März	20. April	14. April	29. Juni	18. „
Neumath	—	17. April	28. „	17. „	28. „	22. „
Melkerei	—	28. „	18. Mai	18. „	—	4. Nov.

Prunus padus, Traubenkirsche.

Stationsort	Standort und Lage	Die Knospen schwellen	Erstes Blatt	Erste Blüthe	Reife der ersten Früchte	Vollständige Entlaubung od. Bräunung der Blätter
Fritzen	schattig	20. April	24. Mai	28. Mai	22. Aug.	21. Nov.
Kurwien	—	7. Mai	19. „	25. „	12. „	12. Oct.
Eberswalde	nördlich	17. April	16. „	23. „	27. Sept.	22. „
Hadersleben	eben und geschützt	13. „	11. „	25. „	—	15. „
Hagenau	eben	16. März	13. April	27. April	4. Juli	14. „

Prunus spinosa, Schwarzdorn.

Stationsort	Standort und Lage	Die Knospen schwellen	Erstes Blatt	Erste Blüthe	Reife der ersten Früchte	Vollständige Entlaubung od. Bräunung der Blätter
Kurwien	—	6. Mai	—	—	25. Sept.	15. Oct.
Eberswalde	frei	20. April	23. Mai	11. Mai	26. „	23. „
Friedrichsrode	eben	15. Mai	21. „	11. „	14. Oct	16. „
Marienthal	geschützt	21. April	4. „	28. April	14. Aug.	23. „
Hadersleben	westlich	14. „	30. „	28. Mai	2. Nov.	2. Nov.
Neumath	—	12. „	27. April	16. April	—	25. Oct.

Stationsort	Standort und Lage	Die Knospen schwellen	Erstes Blatt	Erste Blüthe	Reife der ersten Früchte	Vollständige Entlaubung od. Bräunung der Blätter

Quercus pedunculata, Sommereiche.

Stationsort	Standort und Lage	Die Knospen schwellen	Erstes Blatt	Erste Blüthe	Reife der ersten Früchte	Vollständige Entlaubung od. Bräunung der Blätter
Fritzen	westlich	13. Mai	8. Juni	5. Juni	—	7 Nov.
Kurwien	frei	12. „	23. Mai	30. Mai	18. Oct.	24. Oct.
Eberswalde	östlich	2. „	19. „	17. „	30. Sept.	14. „
Friedrichsrode	südöstlich	18. „	29. „	24. „	19. Oct.	5. Nov.
Marienthal	geschützt	2. „	14. „	—	18. „	29. Oct.
Hadersleben	eben	18. „	1. Juni	3. Juni	24. „	4. Nov.
Schoo	„	22. April	28. Mai	2. „	15. „	5. „
Lahnhof	nördlich	3. Mai	30. „	nicht geblüht		13. „
Hollerath	eben	12. „	30. „	—	—	15. „
Hagenau	südlich	16. April	15. „	17. Mai	10. Oct.	5. „
Neumath	—	27. „	6. „	—	—	5. „

Ribes Grossularia, Stachelbeere.

Stationsort	Standort und Lage	Die Knospen schwellen	Erstes Blatt	Erste Blüthe	Reife der ersten Früchte	Vollständige Entlaubung od. Bräunung der Blätter
Fritzen	eben u. frei	18. April	2. Mai	23. Mai	24. Juli	28 Oct.
Kurwien	sonnig	1. Mai	4. „	25. „	18. Aug.	12. „
Carlsberg	eben	10. April	8. „	18. „	29. Juli	17. „
Eberswalde	frei	1. März	18. April	3. „	13. „	7. Nov.
Friedrichsrode	nördlich	25. „	4. Mai	10. „	8. „	29. Oct.
Sonnenberg	frei	1. Mai	21. „	23. „	27. Aug.	8. „
Marienthal	geschützt	22. März	3. April	13. „	28. Juli	1. Nov.
Hadersleben	eben	22. „	2. Mai	15. „	29. „	25. Oct.
Schoo	geschützt	8. „	15. April	4. „	28. „	15. „
Lahnhof	nordöstlich	6. April	7. Mai	11. „	19. Aug.	31. „
Hollerath	eben	5. März	—	—	5. „	—
Hagenau	südlich	27. Febr.	27. März	10. April	7. Juli	1. Nov.
Melkerei	—	24. März	8. April	7. Mai	4. Aug.	4. „

Salix caprea, Salweide.

Stationsort	Standort und Lage	Die Knospen schwellen	Erstes Blatt	Erste Blüthe	Reife der ersten Früchte	Vollständige Entlaubung od. Bräunung der Blätter
Fritzen	geschützt	25. April	26. Mai	1. Mai	3. Juni	4. Nov.
Kurwien	frei	3. Mai	13. „	27. April	10. „	15. Oct.
Carlsberg	eben	20. März	16. „	2. „	10. „	15. „
Marienthal	„	3. Mai	16. „	20. „	—	28. „
Friedrichsrode	geschützt	—	3. „	27. „	—	2. Nov.
Lahnhof	südwestlich	17. April	13. „	15. „	16. Juni	3. „
Neumath	—	7. „	18. April	15. März	—	3. „ .

Sambucus nigra, gemeiner Hollunder (Flieder).

Stationsort	Standort und Lage	Die Knospen schwellen	Erstes Blatt	Erste Blüthe	Reife der ersten Früchte	Vollständige Entlaubung od. Bräunung der Blätter
Fritzen	frei	20. April	29. Mai	28. Juni	29. Sept.	26. Oct.
Kurwien	—	6. Mai	16. „	25. „	10. Aug.	12. „
Eberswalde	frei	26. März	18. April	6. „	9. Sept.	16. „
Friedrichsrode	südlich	20. April	16. Mai	12. „	11. Oct.	25. „
Marienthal	geschützt	—	—	21. „	14. Sept.	27. „
Hadersleben	westlich	13. April	20. Mai	5. Juli	6. Oct.	24. „

Stationsort	Standort und Lage	Die Knospen schwellen	Erstes Blatt	Erste Blüthe	Reife der ersten Früchte	Vollständige Entlaubung od. Bräunung der Blätter

Sorbus aucuparia, gemeine Eberesche.

Stationsort	Standort und Lage	Die Knospen schwellen	Erstes Blatt	Erste Blüthe	Reife der ersten Früchte	Vollständige Entlaubung od. Bräunung der Blätter
Fritzen	frei	23. April	23. Mai	8. Juni	10. Sept.	23. Oct.
Kurwien	„	4. Mai	15. „	20. „	15. „	15. „
Carlsberg	eben	30. April	19. „	13. „	16. „	9. „
Eberswalde	südlich	2. „	20. April	23. Mai	9. „	21. „
Friedrichsrode	eben	20. „ •	11. Mai	3. Juni	1. „	15. „
Sonnenberg	frei	5. Mai	1. Juni	20. „	18. „	6. „
Marienthal	„	28. April	7. Mai	18. Mai	18. „	5. Nov.
Hadersleben	eben u. frei	18. „	20. „	13. Juni	15. „	24. Oct.
Schoo	frei	20. März	1. •	31. Mai	20. „	15. „
Lahnhof	„	10. April	11. „	3. Juni	26. „	15. „
Hollerath	südöstlich	25. „	15. „	2. „	—	—

Syringa vulgaris, spanischer Flieder.

Stationsort	Standort und Lage	Die Knospen schwellen	Erstes Blatt	Erste Blüthe	Reife der ersten Früchte	Vollständige Entlaubung od. Bräunung der Blätter
Fritzen	frei	18. April	26. Mai	1. Juni	—	28. Oct.
Kurwien	geschützt	3. Mai	14. „	27. Mai	10. Aug.	13. „
Carlsberg	eben	2. April	10. „	14. Juni	15. Sept.	15. „
Eberswalde	südlich	27. März	22. April	16. Mai	—	3. Jan.
Friedrichsrode	nördlich	14. April	16. Mai	6. Juni	—	25. Oct.
Sonnenberg	frei	1. Mai	29. „	3. „	—	6. „
Hadersleben	eben u. schattig	17. April	20. „	1. „	—	30. „
Hagenau	südlich	27. Febr.	14. April	erfroren		29. „
Neumath	—	5. März	19. März	28. April	20. Juli	3 Nov.

Tilia parvifolia, gemeine Linde.

Stationsort	Standort und Lage	Die Knospen schwellen	Erstes Blatt	Erste Blüthe	Reife der ersten Früchte	Vollständige Entlaubung od. Bräunung der Blätter
Fritzen	frei	23. April	27. Mai	22. Juli	4. Nov.	19. Oct.
Kurwien	—	7. Mai	20. „	20. „	17. Oct.	18. „
Eberswalde	südlich	15. April	3. „	2. „	5. „	10. „
Friedrichsrode	eben	23. „	16. „	29. Juni	13. Nov.	28. „
Marienthal	frei	—	—	—	—	8. Nov.
Hadersleben	eben, geschützt	23. April	21. Mai	—	—	29. Oct.
Schoo	—	20. März	18. „	8. Juli	3. Oct.	15. „
Hagenau	eben	15. April	13. „	9. „	5. „	19. „

Ulmus campestris (montana), Feldrüster.

Stationsort	Standort und Lage	Die Knospen schwellen	Erstes Blatt	Erste Blüthe	Reife der ersten Früchte	Vollständige Entlaubung od. Bräunung der Blätter
Fritzen	frei	3. Mai	30. Mai	4. Mai	15. Juni	29. Oct.
Kurwien	—	6. „	20. „	15. April	3. „	18. „
Friedrichsrode	eben	30. April	15. „	6. Mai	20. „	26. „
Marienthal	geschützt	—	—	—	—	28. „
Hadersleben	eben	22. April	22. Mai	30. April	—	10. „
Hagenau	„	17. „	14. „	27. März	20. Mai	24. „

Stationsort	Standort und Lage	Die Knospen schwellen	Erstes Blatt	Erste Blüthe	Reife der ersten Früchte	Vollständige Entlaubung od. Bräunung der Blätter

Vaccinium Myrtillus, Blaubeere.

Stationsort	Standort und Lage	Die Knospen schwellen	Erstes Blatt	Erste Blüthe	Reife der ersten Früchte	Vollständige Entlaubung od. Bräunung der Blätter
Fritzen	schattig	27. April	26. Mai	26. Mai	12. Juli	25. Oct.
Kurwien	schattig	5. Mai	14. „	23. „	10. „	25. „
Carlsberg	eben	23 April	16. „	10. „	14. „	26. „
Eberswalde	schattig	15. März	28. April	2. „	8. „	29. „
Sonnenberg	frei	2. Mai	21. Mai	21. „	6. Aug.	—
Marienthal	geschützt	1. April	3. „	14. „	5. Juli	—
Schoo	—	20. März	18. „	10. Juni	20. Aug.	15. Oct.
Lahnhof	nördlich	13. April	15. „	17. Mai	11. Juli	14. Nov.
Hagenau	eben	3. „	17. April	21. April	26. Juni	19. Oct.
Neumath	—	7. „	12. „	—	28. „	—

Viola odorata, Veilchen.

Stationsort	Standort und Lage	Die Knospen schwellen	Erstes Blatt	Erste Blüthe	Reife der ersten Früchte	Vollständige Entlaubung od. Bräunung der Blätter
Kurwien	—	—	26. April	26. April	—	—
Friedrichsrode	südlich	3. April	—	17. „	—	—
Marienthal	frei	—	—	5. „	—	—
Hollerath	eben	5. März	—	—	—	—
Melkerei	—	12. April	—	19. April	—	—

Stationsort	Lage	Saat	Erste Blätter	Erscheinen der Aehre	Blüthe	Reife	Ernte

Avena sativa, gemeiner Hafer.

Stationsort	Lage	Saat	Erste Blätter	Erscheinen der Aehre	Blüthe	Reife	Ernte
Fritzen	eben	26. April	25. Mai	8. Juli	16. Juli	12. Aug.	18. Aug.
Kurwien	„	2. Mai	12. „	3. „	17. „	22. „	26. „
Carlsberg	„	4. „	15. „	16. „	22. „	16. Spt.	19. Spt.
Friedrichsrode	nordöstl.	19. April	13. „	21. „	23. „	17. „	25. „
Marienthal	frei	7. „	22. April	18. „	—	14. Aug.	21. Aug.
Hadersleben	eben	23. „	17. Mai	3. „	—	19. „	19. „
Schoo	—	3. Mai	18. „	20. Juni	7. Juli	30. „	10. Spt.
Lahnhof	nordöstl.	23. April	26. „	19. Juli	30. „	3. Spt	3 „
Hollerath	eben	10. „	20. „	3. „	—	12. Aug.	23. Aug.
Hagenau	nördlich	19. „	8. „	2. „	5. Juli	2. „	5. „
Neumath	—	31. März	11. April	23. Juni	28. Juni	26. Juli	30. Juli
Melkerei	südöstl.	25. April	15. Mai	13. Juli	21. Juli	5. Spt.	14. Spt.

Stationsort	Lage	Saat	Erste Blätter	Erscheinen der Aehre	Blüthe	Reife	Ernte

Hordeum vulgare, gemeine Gerste.

Stationsort	Lage	Saat	Erste Blätter	Erscheinen der Aehre	Blüthe	Reife	Ernte
Fritzen	eben	23. Mai	12. Juni	11. Juli	14. Juli	10. Aug.	10. Aug.
Kurwien	—	7. „	19. Mai	20. Juni	5. „	15. „	20. „
Friedrichsrode	eben	19. April	13. „	3. Juli	4. „	18. „	2. Sept.
Hadersleben	eben	21. Mai	4. Juni	7. „	—	18. „	18. Aug.
Schoo	—	30. April	18. Mai	15. Juni	15. Juli	10. „	27. „
Lahnhof	nordöstl.	13. Mai	8. Juni	23. Juli	30. „	25. „	25. „
Hagenau	eben	28. April	12. Mai	29. Juni	3. „	24. Juli	28. Juli
Neumath	—	25. „	7. „	23. „	28. Juni	5. Aug.	8. Aug.

Secale cereale aestivum, Sommerroggen.

Stationsort	Lage	Saat	Erste Blätter	Erscheinen der Aehre	Blüthe	Reife	Ernte
Kurwien	—	3. Mai	12. Mai	12. Juni	26. Juni	16. Aug.	20. Aug.
Carlsberg	nordöstl	27. April	3. „	8. „	3. Juli	24. „	2. Sept.
Schoo	—	10. „	12. „	10. „	20. „	15. „	23. Aug.

Secale cereale hibernum, Winterroggen.

Stationsort	Lage	Saat	Erste Blätter	Erscheinen der Aehre	Blüthe	Reife	Ernte
Fritzen	eben	17. Sept.	8. Oct.	29. Mai	18. Juni	1. Aug.	3. Aug.
Kurwien	frei	15. „	25. Sept.	29. „	8. „	26. Juli	28. Juli
Carlsberg	eben	24. Aug.	1. „	3. Juni	29. „	20. Aug.	26. Aug.
Friedrichsrode	nordöstl.	7. Sept.	13. „	25. Mai	14. „	30. Juli	5. „
Marienthal	westlich	21. Oct.	17. Nov.	21. „	6. „	24. „	28. Juli
Hadersleben	eben	6. „	3. „	—	—	—	—
Schoo	eb. u. frei	6. Nov.	14. Febr.	30. Mai	20. Juni	1. Aug.	13. Aug.
Lahnhof	nordöstl.	20. Oct.	—	5. Juni	19. „	22. „	22. „
Hollerath	eben	15. „	1. Dec.	31. Mai	23. „	1. „	10. „
Hagenau	eben	6. „	25. „	10. „	23. „	11. Juli	11. Juli
Neumath	—	16. Sept.	23. Sept.	7. „	9. „	16. „	18. „

Triticum cereale hibernum, Winterweizen.

Stationsort	Lage	Saat	Erste Blätter	Erscheinen der Aehre	Blüthe	Reife	Ernte
Friedrichsrode	nordöstl.	8. Sept.	22. Sept.	23. Juni	29. Juni	10. Aug.	19. Aug.
Marienthal	geschützt	26. Oct.	22. Nov.	22. „	2. Juli	2. „	5. „
Schoo	—	12. „	19. Fbr.	30. „	18. „	15. „	27. „
Hagenau	eben	2. „	20. Oct.	11. „	14. Juni	19. Juli	23. Juli
Neumath	—	1. „	9. „	14. „	23. „	27. „	1. Aug;

Triticum cereale aestivum, Sommerweizen.

Stationsort	Lage	Saat	Erste Blätter	Erscheinen der Aehre	Blüthe	Reife	Ernte
Fritzen	eben	22. April	16. Mai	26. Juni	3. Juli	18. Aug.	24. Aug.
Hagenau	nördlich	19. „	8. „	27. „	2. „	4. „	6. „

B. Erscheinungen des Thierlebens.

Columba palumbus, Ringeltaube.

Stationsort	Ankunft	Wegzug
Fritzen	10. April	—
Kurwien	15. „	—
Carlsberg	18. März	—
Eberswalde	9. April	—
Friedrichsrode	12. März	—
Sonnenberg	29. „	—
Marienthal	10. „	—
Schoo	4. „	—
Lahnhof	10. „	—
Hollerath	13. „	—
Hagenau	23. Febr.	—
Neumath	7. März	—
Melkerei	8. „	—

Crex pratensis, Wiesenknarrer, Wachtelkönig.

Stationsort	Ankunft	Wegzug
Fritzen	27. Mai	—
Kurwien	19. „	—
Carlsberg	8. Juli	—
Friedrichsrode	27. Mai	—
Marienthal	1. „	—
Hagenau	16. „	—

Hirundo rustica, Dorf- oder Rauchschwalbe.

Stationsort	Ankunft	Wegzug
Fritzen	3. Mai	10. Oct.
Kurwien	2. „	16. Sept.
Carlsberg	5. „	14. „
Eberswalde	16. April	23. „
Friedrichsrode	8. „	6. Oct.
Sonnenberg	3. Mai	1. Sept.
Marienthal	16. April	11. Oct.
Hadersleben	7. Mai	4. „
Schoo	29. April	18. „
Lahnhof	10. „	—
Hollerath	26. „	5. Oct.
Hagenau	6. „	14. Sept.
Neumath	6. „	6. Oct.

Ciconia alba, Storch.

Stationsort	Ankunft	Wegzug
Fritzen	5. April	20. Aug.
Kurwien	4. „	26. „
Eberswalde	—	17. „
Marienthal	16. April	20. „
Hadersleben	10. „	25.Aug.- 4.Spt.
Schoo	11. „	4. Sept.
Lahnhof	2. „	29. Aug.
Hagenau	26. Febr.	25. „

Motacilla alba, weisse Bachstelze.

Stationsort	Ankunft	Wegzug
Fritzen	1. April	6. Oct.
Kurwien	27. März	20. Sept.
Carlsberg	19. „	10. Oct.
Eberswalde	9. „	14. Sept.
Friedrichsrode	26. Febr.	11. Oct.
Sonnenberg	11. März	5. „
Marienthal	8. „	29. „
Hadersleben	18. „	25. Sept.
Schoo	6. „	29. Oct.
Lahnhof	7. „	20. Sept.
Hollerath	21. „	4. Oct.
Hagenau	28. Febr.	28. „
Neumath	6. März	—
Melkerei	6. „	2. Oct.

Scolopax rusticola, Waldschnepfe.

Stationsort	Ankunft	Wegzug
Fritzen	29. März	4. Oct.
Kurwien	28. „	15. „
Carlsberg	2. Mai	20. „
Eberswalde	21. März	—
Friedrichsrode	31. „	17. Oct.
Sonnenberg	8. Mai	—
Marienthal	17. März	5. Nov.
Hadersleben	26. „	18. Oct.
Schoo	26. April	20. „
Lahnhof	17. Febr.	23. „
Hagenau	5. März	27. „
Neumath	28. Febr.	—
Melkerei	18. März	10. Dec.

Stationsort	Ankunft	Wegzug	Stationsort	Ankunft	Wegzug
Sturnus vulgaris, Staar.			**Cuculus canorus, Kukuk.**		
Fritzen	9. März	21. Oct.	Fritzen	2. Mai	—
Kurwien	6. April	10. „	Kurwien	26. April	—
Carlsberg	17. März	16. Sept.	Carlsberg	7. Mai	—
Eberswalde	5. „	—	Eberswalde	12. „	—
Friedrichsrode	20. Febr.	11. Oct.	Friedrichsrode	22. April	—
Sonnenberg	18. März	14. Sept.	Sonnenberg	3. Mai	—
Marienthal	26. Febr.	2. Nov.	Marienthal	26. April	—
Schoo	28. „	28. Oct.	Hadersleben	11. Mai	—
Lahnhof	17. „	23. „	Schoo	10. „	—
Hagenau	21. „	28. Sept.	Lahnhof	15. April	—
			Hollerath	12. „	—
			Hagenau	9. „	—
			Neumath	2 „	—
			Melkerei	11. „	—

Stationsort	Erster Gesang	Stationsort	Erster Gesang
Alauda arvensis, Feldlerche.		**Fringilla coelebs, Buchfink.**	
Fritzen	1. März	Fritzen	27. März
Kurwien	9. „	Kurwien	28. „
Carlsberg	1. „	Friedrichsrode	12. „
Eberswalde	8. „	Sonnenberg	27. „
Friedrichsrode	22. Febr.	Marienthal	18. „
Marienthal	5. März	Hadersleben	15. „
Hadersleben	4. Febr.	Schoo	18. „
Schoo	25. „	Lahnhof	12. „
Lahnhof	22. „	Neumath	22. Febr.
Hollerath	18. „	Melkerei	24. „
Hagenau	22. „		
Neumath	5. „		
Turdus merula, Schwarzdrossel.		**Sylvia luscinia, Nachtigall.**	
Fritzen	2. April	Fritzen	13. Mai
Kurwien	24. „	Eberswalde	3. „
Carlsberg	13. „	Marienthal	26. April
Eberswalde	26. Febr.	Schoo	7. Mai
Friedrichsrode	22. „	Hagenau	16. April
Sonnenberg	21. März		
Marienthal	27. Febr.		
Hadersleben	19. März		
Lahnhof	8. „		
Hollerath	20. „		
Neumath	21. Febr.		
Melkerei	22. „		

Stationsort	Schwärmzeit	Stationsort	Schwärmzeit
Curculio „pini", (abietis L.) grosser brauner Rüsselkäfer (Fichten-, Kiefern-Rüsselkäfer).		Melolontha vulgaris, Maikäfer.	
Kurwien	10. Mai	Kurwien	3. Mai
Carlsberg	16.	Friedrichsrode	18. „
Friedrichsrode	2. Juni	Marienthal	2. Juni
Sonnenberg	23. Mai	Hagenau	1. Mai
Hagenau	14. April		

Bostrychus typographus, Borken-käfer.		Hylesinus piniperda, Kiefern-markkäfer.	
Kurwien	8. Mai	Kurwien	7. Mai
Carlsberg	24. „	Hagenau	14. April
Friedrichsrode	31. „		
Sonnenberg	16. Juni		
Marienthal	5. „		
Hagenau	11. April		

Anfang der Rammelzeit des Hasen.

Stationsort	Zeit	Stationsort	Zeit
Fritzen	6. Januar	Marienthal	28. Januar
Kurwien	17. Februar	Lahnhof	Anfang Febr.
Carlsberg	21. „	Hagenau	Januar
Friedrichsrode	24. „	Melkerei	24. Januar

Beginn der Brunftzeit des Rothwildes.

Stationsort	Zeit	Stationsort	Zeit
Sonnenberg	20. Sept.	Marienthal	16. Sept.

C. Anhang.

I. Verzeichniss der Geschenke, welche der Bibliothek der Königlichen Forstakademie vom I. Juli 1881 bis I. Juli 1882 zugegangen sind.

Aus dem Archiv der Deutschen Seewarte. Herausgegeben von der Direction der Seewarte. III. Jahrgang 1880.

Zwölfter Jahresbericht der Grossh. Badischen meteorologischen Centralstation Karlsruhe für das Jahr 1880.

Derselben dreizehnter Jahresbericht für das Jahr 1881.

Wetterbericht (täglich erscheinender) des Königl. Sächsischen meteorologischen Instituts. Herausgegeb. von Dr. Paul Schreiber. qu. Fol. Vom 1. Mai bis 30. Juni 1882.

Monats-Bericht über die Beobachtungs-Ergebnisse der forstlich-meteorologischen Stationen in Elsass-Lothringen. Herausgegeben von der Hauptstation f. d. forstliche Versuchswesen zu Strassburg. gr. 4. Januar-Mai 1882.

Deutsche Seewarte. Monatliche Uebersicht der Witterung. Mai-Januar 1881.

Publikationen d. astrophysikalischen Observatoriums zu Potsdam. No. 7 (zweiten Bds. 3 Stück) Meteorologische Beobachtungen in den Jahren 1879 und 1880. gr. 4.

Bericht über die Verhandlungen und Ergebnisse der 3. internationalen Polar-Konferenz, abgehalten in St. Petersburg in den Tagen vom 1. bis 6. August 1881. gr. 4. 14 S.

Hildebrand-Hildebrandsson. Observations météorologiques faites par l'expédition de la Véga du Cap Nord a Yokohama par le détroit de Behring 1882. 8

Beobachtungen der meteorologischen Stationen im Königreich Bayern, herausgegeben von der Kgl. Centralstation durch Dr. Wilhelm v. Bezold und Dr. Carl Lang. München gr. 4. III. Jahrg. 1881. Heft 2—4 IV. Jahrgang 1882. Heft 1.

Uebersicht über die Witterungsverhältnisse im Königreich Bayern. Mitgetheilt durch die Königlich Bayrische meteorologische Centralstattion. Vom Jahre 1881 Juli—December. 1882 Januar—Juni.

Wild. Repertorium für Meteorologie. Bd. VII. Heft 2.

Beobachtungs-Ergebnisse der im Kanton Bern zu forstlichen Zwecken errichteten meteorologischen Stationen. Juni — December 1881. — Januar — April 1882.

Schriften der physikalisch-oeconomischen Gesellschaft zu Königsberg. 21. Jahrgang 1880. Zweite Abtheilung und 22. Jahrg. 1881. Erste und zweite Abtheilung.

Monthly weather review. War Department. Office of the Chief-Signal Officer, division of Telegrams and Reports for the Benefit of Commerce and Agriculture. Juni und Juli 1881.

Report of the Meteorological Council of the Royal Society for the Year ending 31st. of March 1881.

Verein für landwirthschaftliche Wetterkunde für die Provinz Sachsen, das Grossherzogthum Weimar, die Herzogthümer Anhalt, Gotha, Meiningen, Braunschweig und das Fürstenthum Schwarzburg-Sondershausen. Instruction für eine Beobachtungsst. 3. Ord. 1881. 8.

Meteorologia italiana. Bollettino mensile internazionale. Anno XVI. 1880. Juni — December.

Observations météorologiques faites aux stations internationales de la Belgique et des Pays-Bas, sous la Direction de J. C. Houzeau et de C. H. D. Buys-Ballot. IV. année 1880. Januar.

Jahrbücher der k. k. Centralanstalt für Meteorologie und Erdmagnetismus. Officielle Publication. Jahrgang 1878. Neue Folge XV. Bd. der ganzen Reihe XXIII. Bd. Zweiter Theil. — Jahrg. 1880. Neue Folge XVII. Bd. Der ganzen Reihe XXV. Bd. Erster Theil. Wien 1881.

Jahrbücher des tellurischen Observatoriums zu Bern, herausgegeben von Prof. Dr. A. Forster. Jahrg. 1880.

Monatsberichte des meteorologischen Observatoriums des Neutrathaler landwirthschaftl. Vereins. Jahrg. 1881. Mai — December. — 1882. Januar — Mai.

Jahresbericht des meteorologischen Observatoriums des Neutrathaler landwirthschaftlichen Vereins, zusammengestellt durch Freih. Gregor Friesenhof V. Jahrgang 1880.

v. Schoder. Fünfzigjährige Ergebnisse der meteorologischen Beobachtungen in Stuttgart. Witterungsbericht von den Jahren 1878 und 1879 nach den Beobachtungen der württembergischen meteorologischen Stationen. Stuttgart 1882. 4.

A. v. Dankelmann, die Ergebnisse der Niederschlags-Beobachtungen in Leipzig und an einigen anderen sächsischen Stationen von 1864—1881. Leipzig 1882. 4.

Hildebrand - Hildebrandsson. Bulletin météorologique mensuel de l'Observatoire de l'Université d'Upsal. Vol. XII. 1880. und Vol. XIII. 1881.

Quarterly weather report of the Meteorological Office. (New Series) 1876. Part. I.

---

2. Verzeichniss der Behörden, Institute, Gesellschaften und Privaten, an welche die monatlich erschienenen Beobachtungs-Ergebnisse der im Königreich Preussen und in den Reichslanden eingerichteten forstlich-meteorologischen Stationen, Jahrgang 1881, versandt sind.

Die Königliche Forstakademie zu Eberswalde bezieht von der Verlagsbuchhandlung von Julius Springer in Berlin zweihundert Exemplare der monatlich erscheinenden Beobachtungs-Ergebnisse. Von diesen gelangen 123 Exemplare direct durch die Verlagsbuchhandlung zur Versendung und zwar:

An das Finanzministerium in Berlin	5	Exemplare
„ „ Ministerium für Landwirthschaft, Domänen und Forsten in Berlin	5	„
„ „ Ministerium des Innern in Berlin . . .	5	„
„ die Bibliothek der Universität Strassburg .	3	„
„ das Curatorium des deutschen Reichsanzeigers in Berlin	1	„
„ „ meteorologische Institut des Statistischen Bureaus in Berlin	1	„
„ die meteorologische Centralanstalt in München	1	„
„ das Oberbergamt in Clausthal	1	„
„ die Forstakademie zu Münden	5	„
„ „ Regierung zu Königsberg	3	„
„ „ „ „ Gumbinnen	3	„
„ „ „ „ Danzig	2	„
„ „ „ „ Marienwerder	3	„

Latus 38 Exemplare

Transport	38	Exemplare
An die Regierung zu Potsdam	3	„
„ „ „ „ Frankfurt a. O.	3	„
„ „ „ „ Stettin	3	„
„ „ „ „ Cöslin	2	„
„ „ „ „ Stralsund	2	„
„ „ „ „ Posen	2	„
„ „ „ „ Bromberg	2	„
„ „ „ „ Breslau	3	„
„ „ „ „ Liegnitz	2	„
„ „ „ „ Oppeln	2	„
„ „ „ „ Magdeburg	3	„
„ „ „ „ Merseburg	3	„
„ „ „ „ Erfurt	2	„
„ „ „ „ Schleswig	2	„
„ „ Finanzdirection zu Hannover	6	„
„ „ Regierung zu Münster	1	„
„ „ „ „ Minden	2	„
„ „ „ „ Arnsberg	2	„
„ „ „ „ Cassel	5	„
„ „ „ „ Wiesbaden	4	„
„ „ „ „ Coblenz	3	„
„ „ „ „ Düsseldorf	1	„
„ „ „ „ Cöln	3	„
„ „ „ „ Trier	3	„
„ „ „ „ Aachen	2	„
„ „ „ „ Sigmaringen	1	„
„ 9 Oberförstereien in Preussen, in welchen sich eine forstlich-meteorologische Nebenstation befindet, und zwar:		
„ die Oberförsterei Lohra	2	„
„ „ „ Reifferscheid	2	„
„ „ „ Carlsberg	2	„
„ „ „ Fritzen	2	„
„ „ „ Hadersleben	2	„
„ „ „ Kurwien	2	„
„ „ „ Sandhorst (Aurich) . . .	2	„
„ „ „ St. Andreasberg . . .	2	„
„ „ „ Hainchen	2	„
Summe	123	Exemplare

Von den übrig bleibenden 77 Exemplaren sind durch die hiesige Forstakademie versandt worden:

An das Ministerium für Ackerbau, Industrie und
Gewerbe in Rom . . . . 1 Exemplar
„ „ Finanz-Ministerium in Stockholm . . . 1 „
„ „ Ackerbau-Ministerium in Wien . . . . 1 „
„ „ physikalische Centralobservatorium in St. Petersburg . . . . 1 „
„ „ Astrophysikalische Observatorium in Potsdam . . . . 1 „
„ „ Observatorium der Universität Upsala . 1 „
„ the meteorological office. London . . . . 1 „
Monsieur J. C. Houzeau, Directeur de l'Observatoire royal de Bruxelles . . . 1 „
„ das meteorologische Observatorium der Universität Dorpat . . . . 1 „
„ „ schweizerische meteorologische Central-Institut zu Zürich . . . . 1 „
„ the war Department, Office of the Chief-Signal-Officer. Nordamerica. Washington . . 1 „
„ die k. k. Centralanstalt für Meteorologie und Erdmagnetismus in Wien . . . . . . 1 „
„ das niederländische meteorologische Central-Institut in Utrecht . . . . 1 „
„ „ meteorologische Central-Institut des Königreich Italien zu Pavia . . . . . . 1 „
„ „ meteorologische Institut des Königreich Norwegen in Christiania . . . . . . 1 „
„ „ magnetische Observatorium in Toronto in Canada . . . . 1 „
„ the Meteorological Society of Scottland in Edinburg . . . . 1 „
„ das meteorologische Institut des Königreich Schweden in Stockholm . . . . . . 1 „
„ „ meteorologische Institut des Königreich Dänemark in Kopenhagen . . . . . 1 „
„ Sir Franklin B. Hough, Lowville, Vereinigte Staaten von Nordamerika . . . . 1 „

Latus 20 Exemplare

Transport 20 Exemplare

An den Vorstand des Neutrathaler landwirthschaft- lichen Vereins zu Nedanócz bei Gr. Bossau in Ungarn	1 „
„ die Königliche italienische Forstakademie zu Vallombrosa	1 „
„ „ Königliche italienische Forstakademie zu Camaldoli	1 „
„ „ Direction der Forstschule in Nancy . .	1 „
„ den Vorstand der forstlich - meteorologischen Stationen im Canton Bern	1 „
„ die Direction des Grossherzogl. akademischen Forst-Instituts zu Giessen	1 „
„ „ landwirthschaftliche Hochschule in Berlin	1 „
„ „ landwirthschaftl. Akademie zu Poppelsdorf	1 „
„ „ naturforschende Gesellschaft in Danzig .	1 „
„ „ physikalische Gesellschaft in Berlin . .	1 „
„ „ physikalisch - ökonomische Gesellschaft in Königsberg i. Pr.	1 „
„ „ physikalisch - medicinische Gesellschaft in Weimar	1 „
„ „ Redaction der Zeitschrift der österrei- chischen Gesellschaft für Meteorologie, re- digirt von Hann	1 „
„ das Königl. sächsische meteorologische Institut in Leipzig	1 „
„ die Direction der Deutschen Seewarte in Hamburg	2 „
„ „ Direction der Forstlehranstalt zu Aschaffen- burg	1 „
„ Herrn Professor Dr. Dubois - Reymond . in Tübingen	1 „
„ Herrn Professor Dr. Förster, Director der Sternwarte in Berlin	1 „
„ Herrn Dr. G. Hellmann in Berlin	1 „
„ „ Professor Dr. Luther, Dir. der Stern- warte zu Königsberg i. Pr.	1 „
„ „ „ Dr. L. Meyer in Tübingen .	1 „
„ „ „ Dr. O. E. Meyer in Breslau	1 „

Latus 43 Exemplare

Transport 43 Exemplare

An Herrn Geheimrath Professor Dr. Neumann in
Königsberg i. Pr. . . . . 1 „

„ „ Professor Dr. Neumann in Leipzig . 1 „

„ „ „ Dr. Quincke in Heidelberg 1 „

„ „ Dr. Paul Moritz Schmidt in Namslau 1 „

„ „ Professor Dr. Schröter in Breslau 1 „

„ „ Geheimrath Dr. v. Struve, Director der
Sternwarte in Pulkowa bei St. Petersburg . . . . · . . . 1 „

„ die Direction der meteorologischen Stationen
des Grossherzogthums Baden . . . . 1 „

„ „ Direction des landwirthschaftlichen Instituts
an der Universität Halle . . . . . . 1 „

Summe 51 Exemplare

Von den übrig bleibenden 26 Exemplaren sind 3 der Biblio-
thek der hiesigen Forstakademie, 1 der Handbibliothek des chemi-
schen Laboratoriums übergeben und die letzten 22 Exemplare sind
zum Gebrauch beim Unterricht, oder für wissenschaftliche Reisende,
welche von der Einrichtung der meteorologischen Stationen Kenntniss
nehmen, oder zur Aufbewahrung behufs späteren Austausches
gegen andere Zeitschriften und Versendung an meteorologische
Institute bestimmt und sind theils auch schon zu den angegebenen
Zwecken verwandt worden.

3. Verzeichniss der Behörden, Institute, Gesellschaften und Privaten, an welche der Jahresbericht für das Jahr 1880 über die Beobachtungen auf den forstlich-meteorologischen Stationen versandt ist.

Auf Anordnung des Herrn Ministers für Landwirthschaft, Domänen und Forsten sind von der Verlagsbuchhandlung von Julius
Springer in Berlin 900 Exemplare des Jahresberichtes für das Jahr
1880 geliefert. Von diesen sind 750 Exemplare dem Königlichen
Ministerium für Landwirthschaft, Domänen und Forsten überreicht
worden, welches 740 Exemplare an die einzelnen Regierungen mit
der Massgabe vertheilt hat, jedem Oberförster ein Exemplar als
Inventarienstück zu überweisen, 4 Exemplare der Ministerial-Abthei-

lung für Landwirthschaft, 5 der für Forsten und 1 der Königlichen Ober-Rechnungs-Kammer überwiesen hat. Die andern 150 Exemplare sind von Seiten der Hauptstation des forstlichen Versuchswesens in Preussen versandt worden und zwar:

An das Ministerium des Innern in Berlin	4	Exemplare
„ „ Curatorium des deutschen Reichsanzeigers in Berlin	1	„
„ „ statistische Bureau in Berlin	2	„
„ die Bibliothek und die Docenten der Forstakademie zu Eberswalde	16	„
„ „ Bibliothek und die Docenten der Forstakademie zu Münden	8	„
„ „ Beobachter der 10 forstlich-meteorologischen Stationen in Preussen	10	„
„ „ Bibliotheken der 21 Universitäten in Deutschland: Berlin, Bonn, Breslau, Erlangen, Freiburg, Giessen, Göttingen, Greifswald, Halle, Heidelberg, Jena, Kiel, Königsberg, Leipzig, Marburg, München, Münster, Rostock, Strassburg, Tübingen, Würzburg . . .	21	„
„ „ Direction der landwirthschaftlichen Hochschule in Berlin	1	„
„ „ Direktion der landwirthschaftlichen Akademie in Poppelsdorf	1	„
„ „ Direktion des landwirthschaftlichen Instituts der Universität Halle	1	„
„ „ Direction der K. bayerischen Forstlehranstalt in Aschaffenburg	1	„
„ „ Direction des akademischen Forstinstituts in Giessen . . . . , .	1	„
„ das Ministerium für Ackerbau, Industrie und Gewerbe in Rom . . . . , . . .	1	„
„ „ Finanzministerium in Stockholm	1	„
„ „ Ackerbau-Ministerium in Wien	1	„
„ „ Kaiserl. Reichs-Postamt II. Abth. in Berlin	1	„
„ „ physikalische Centralobservatorium zu St. Petersburg	1	„
„ die deutsche Seewarte	2	„
„ „ naturforschende Gesellschaft zu Danzig .	1	„

Latus 75 Exemplare

Transport 75 Exemplare

An die physikalisch - ökonomische Gesellschaft zu Königsberg i. Pr. . . . . , .	1	„
„ „ physikalisch - medicinische Gesellschaft zu Weimar	1	„
„ den Vorstand der forstlich-meteorologischen Stationen im Canton Bern	1	„
„ die K. Bayerische meteorologische Centralstation in München	1	„
„ „ Direktion der meteorologischen Stationen des Grossherzogthum Baden in Karlsruhe	1	„
„ „ Central-Kanzlei und meteorologische Observatorium des Neutrathaler landwirthschaftlichen Vereins zu Nedanócz, Gross Bossau in Ungarn.	1	„
„ „ Bibliothek der physikalischen Gesellschaft in Berlin . . . . : . . .	1	„
„ „ höhere Forstlehranstalt in Moscau . . .	1	„
„ das Niederländische meteorologische Central-Institut in Utrecht	1	„
„ „ meteorologische Centralinstitut des Königreich Italien in Pavia . . . . . , . .	1	„
„ „ meteorologische Institut des Königreich Norwegen . . . . , .	1	„
„ The Meteorological office in London . . .	1	„
„ die Finnländische Gesellschaft der Wissenschaften in Helsingfors	1	„
„ das magnetische Observatorium in Toronto (Canada)	1	„
„ „ meteorologische Institut des Königreich Dänemark in Kopenhagen	1	„
„ The Meteorolog. Society of Scottland in Edinburgh	1	„
„ das meteorologische Institut des Königreich Schweden in Stockholm	1	„
„ „ Observatorium der Universität Upsala. .	1	„
„ „ meteorologische Observatorium der Universität Dorpat	1	„
„ „ Schweizerische meteorologische Centralinstitut in Zürich	1	„

Latus 95 Exemplare

Transport 95 Exemplare

An The War Department, Office of the Chief-Signal-		
Officer. U. S. of America	1	„
„ die k. k. Centralanstalt für Meteorologie und		
Erdmagnetismus in Wien	1	„
„ M. Mascart, Directeur du Bureau central météoro-		
logique de France à Paris	1	„
., M. Tacchini, Direttore del ufficio centrale di me-		
teorologia e dell' osservatorio del Collegio		
Romano di Roma	1	„
„ Herrn Dr. Schenzl, Director der meteorologi-		
schen Centralanstalt für Ungarn in		
Buda-Pest	1	„
„ die Forstakademieen zu Vallombrosa und Camal-		
doli in Italien.	2	„
„ „ Direction de l'école forestière à Nancy .	1	„
„ „ Direction der Forstlehranstalt Weisswasser		
in Böhmen . . . . - . . .	1	„
„ das Oberbergamt in Clausthal	1	„
„ „ Königl. Sächsische meteorologische Institut		
in Leipzig.	1	„
„ die Direction des astrophysical. Observatoriums		
in Potsdam . . . . , . .	1	„
„ Herrn Dr. Assmann in Magdeburg	1	„
„ „ Prof. Dr. Dorn in Darmstadt. . . .	1	„
„ „ „ „ Dubois-Reymond in Tübingen	1	„
„ „ „ „ Ebermayer in München . .	1	„
„ „ „ „ Förster, Director der Stern-		
warte in Berlin	1	„
„ „ „ „ Forster, Director der Stern-		
warte in Bern.	1	„
„ „ „ „ Franklin B. Hough in		
Washington	1	„
„ „ „ „ Galle, Director der Sternwarte		
in Breslau.	1	„
„ „ „ „ Hann in Wien	1	„
„ „ Dr. G. Hellmann in Berlin	1	„

Latus 117 Exemplare

Transport 117 Exemplare

An Herrn Prof. Dr. J. C. Houzeau, Directeur de
l'Observatoire royal de Bruxelles 1 „

„ „ Dr.. Ritter von Lorenz, k. k. Ministerial-
rath im Ackerbauministerium
in Wien . . . . 1 „

„ „ Prof. Dr. Luther, Director der Sternwarte
in Königsberg i. Pr. . . . 1 „

„ „ „ „ L. Meyer in Tübingen . . . 1 „

„ „ „ „ O. E. Meyer in Breslau . . 1 „

„ „ Geheimrath Professor Dr. Neumann in
Königsberg i. Pr. . . . . 1 „

„ „ Prof. Dr. Neumann in Leipzig . . . 1 „

„ „ „ „ Oborny in Neutitschein in
Mähren . . . . 1 „

„ „ „ „ Osnaghi, Vicedirector der k. k.
Centralanstalt für Meteorologie und Erdmagnetismus in Hohewarte bei Wien . 1 „

„ „ Prof. Dr. Plantamour, Director der Sternwarte in Genf . . . . . 1 „

„ „ „ „ Quincke in Heidelberg . . . 1 „

„ „ Dr. Schreiber in Chemnitz . . . . . 1 „

„ „ „ Paul Moritz Schmidt in Namslau . 1 „

„ „ Prof. Dr. Schröter in Breslau . . . 1 „

„ „ Geheimrath Dr. von Struve, Director der
Sternwarte in Pulkowa bei St. Petersburg 1 „

Summe 132 Exemplare

Die übrigen 18 Exemplare sind theils zum Gebrauch beim
Unterricht, theils für wissenschaftliche Reisende, welche von der
Einrichtung der forstlich-meteorologischen Stationen Kenntniss nehmen, theils zur Aufbewahrung behufs späteren Austausches gegen
andere Zeitschriften und Versendung an meteorologische Institute
bestimmt und sind theils auch schon zu den angegebenen Zwecken
verwandt worden.